石詠琦
著

超強
職場魅力

打 造 妳 專 屬 的
完 美 形 象

推薦序一

台灣敦煌舞蹈教主　諶瓊華

結緣

認識詠琦是因「舞」結緣。在她五十歲的時候，出現在我的舞蹈教室，很特別的是，她不同於一般的學生，不是為了專程習舞而來，而是想要藉由學習敦煌舞蹈，進而瞭解東方的舞蹈文化藝術。我以為她只是短暫的學習而已，意想不到一學三年，從不缺課，甚至於學習到可以上台表演，對一位從未學過東方舞蹈的中年女子，這是何等的不易！對她堅強的毅力及學習的精神，深感佩服！

後來她長住北京授課，經常世界各地跑，依然持續每日練敦煌能量舞，隨著年齡的增加，卻依然保持美好的身形，而且精、氣、神都能保持良好狀態，每年相見都發現彼此都還能維持年輕，這就是我們之間的「青春秘笈」。

作者的個人魅力

作者本身就是一位「魅力一生」的實行者，她不僅學識淵博、知識豐富，教學、演講、旅行之外、還出了二十八本書，這樣的一位學者專家，應該是只顧及學術的專研，比較會忽略外表的粧飾，但她卻能夠內外兼具，是一位成功的女性，隨時保持淡定優雅的美麗風采！

她從不高傲，卻樂於分享她美好豐富的人生經驗，發揮愛心幫助許多人，這就是作者身體力行的「順乎自然，活得精采」，也是大家公認「最有魅力的女人」。

我的人生經驗的體悟

雖然年齡的增長，會留下歲月的痕跡，但是日常做了修身養性的功課，不僅可以青春延齡，更可以有擁有豐富多采的人生！

健康之美：持之有恆的運動是青春之匙，打破身份證年齡的框架，生理年齡才是最重要的。

青春之美：保持赤子之心，永遠青春不老。
智慧之美：青春漸退，但智慧如鑽石般的光芒永不退色。
自信之美：散發出神情自若的迷人風采。
知性之美：知識、藝術，生活美學，增添藝文的風華
謙和之美：溫柔婉約的氣質，謙虛和氣的態度，才能吸引好的人緣
慈悲之美：心存善念、樂於助人，提升靈性的光輝

個人的魅力，不只是外表而已，由內而外散發出來的氣質，才是最吸引人的。不論男女，皆有其的獨特的風格，有的男士雖非英俊瀟灑，但他行事的魄力雄風，即是魅力！若空有漂亮的外表，卻一肚子草包，真是令人惋惜啊！

現代醫美風行，人工美女比比皆是，即使絕世美女，少了內涵和氣質，一開口說話就破了功！騷首弄姿只會令人感覺不舒服，全身名牌只能展現財氣，卻不能增添魅力。

表相的漂亮是不能持久的，也是難以吸引人的。內涵、智慧，談吐，風度，才是魅力的元素。

已逝國際巨星——奧黛麗赫本，她兼具了美麗、優雅、高貴、慧黠的氣質，她的神情自若，氣質優雅，散發出清新獨特迷人的魅力！

知名歌星——鄧麗君，歌聲美妙如天籟之音、甜美的花容、妙曼的體態、藝術的才華加上溫柔婉約的氣質，散發出無人可及的巨星魅力！

氣質內涵是金錢買不到的，但是可以為自己在「修身養性」上多下工夫，豐富學術與知識上做功課。

想要成為有魅力的人，這本書就是「魅力」養成的「寶典」！

作者是最佳範本，欣見此書出版，讀者有福了！

諶瓊華　二〇一五年三月

推薦序二

幸福傳播人　陳琪瑗

天下皆知美之為美，斯惡已；皆知善之為善，斯不善已。

——老子道德經

媒體報導，前陣子韓國選美出現許多「複製人」，佳麗們頻頻撞臉引發討論，醫學美容發達的今日，三不五時來點微整型或開刀改變面貌都不困難，但過度追求同一種樣式的美絕非好事！樂見詠琦老師出版新作《超強職場魅力：打造妳專屬的完美形象》從內在情緒到外在形象傳授各種撇步，讓我們能了解自我優缺點，進而發展出多元獨特姿態，千嬌百媚風情萬種，美不正該是如此嗎！

詠琦老師與我在一次餐敘時相識，她長時間在各國開會授課，兩人總是透過臉書了解彼此近況，她的動態訊息可是相當豐富，看她上課、寫書、旅行、品嚐美食，每天都相當精彩，有次她分享了參加國際秘書會議，除專業具體展現外，為讓大家更認識臺灣，她特別上台秀了一段原住民舞蹈，讓我驚訝的是她的服裝造型乃至演出動作完全到位，結束前還來段讓大家嘖嘖稱奇的柔軟下腰；兼顧工作、生活及家庭，人家說：「認真的女人最美麗」，魅力四射的她，絕對吸引大家目光。

從事主持工作及教學多年，我深深體會到好的表演者除亮麗外型展現、優雅肢體台風、動人聲音表情與知識底蘊豐富外，更重要的是一顆體貼觀眾的心，樂意傾聽學習，才能讓人樂意主動親近，然而說來容易做來難，需不斷累積，更需要有技巧引導，本書兩個部份〈**形象就是印象：打造完美的第一印象！**〉、〈**完美魅力，來自於內在能量！**〉正是人生必勝的關鍵，缺一不可。

這是本值得珍藏的寶典，全書十二個章節中，從自我檢測開始，一步步引導讀者外在髮型造型、服裝選擇、色彩運用到配件、化妝、香水搭配等，進而傳授正確的眼神、說話及姿態養成，另外還有生活習慣、健康與運動、情緒與心情及珍貴生命經驗分享，貼近生活讀來格外有感，若第一次閱讀，建議可快速翻閱，在重點或自認為不足的地方畫線，然後逐步運用並時刻拿出來思索，檢視是否達成？或有無更好的改善方式？不斷自我省思、舉一反三，相信你我都可以跟石老師一樣變成魅力達人喔！

推薦序三

新世紀形象管理學院講師　邱詩瑜

第一次見到石老師，是在學習敦煌舞的教室，當時班上學生多數是大學女生，而石老師明顯與學生不同，她五官精緻立體，每次出現總是細緻高雅，儘管當時的我與她少有交談，卻對她印象深刻。後來得知她是以「五十歲」的高齡來學舞，我著實嚇了一大跳！因為她看起來了不起三十幾歲吧！很難想像她已五十歲，而且還會來學習極需體力與技巧的敦煌舞蹈。

多少婦女到了這個年紀，早已埋首家中，在我周遭的媽媽們，能夠早起去公園跳跳土風舞、做做外丹功，不成天柴米油鹽、老公孩子的，就算對得起自己了！但當我認識了石老師，才意識到，原來女人到了這個年齡，可以活得如此精彩！石老師除了外表吸引人，她的時間管理更是一流，她學舞總不缺課，也從未見她遲到早退，後來我才知道她在上市公司擔任高階主管。

我認識石老師時，正值大學剛畢業的年齡，當時遇到工作、感情抉擇，總有許多迷惘與困惑，藉由每日與她通e-mail，從中得到啟發與幫助。而石老師無論再忙，總是會找時間回信，到現在這些往返信件我都留著，她的智慧箴言，每當我再次遭遇難題時，第一時間就是拿出信件來看看，總是會再次得到解答，並印證了當年石老師的分析判斷，屢試不爽。

時光飛逝，一轉眼十六年過去了。這些年，我在石老師的用心栽培下，也成了一位教授國際禮儀與美姿美儀的講師，當然我也邁入中年，已是兩個孩子的母親。儘管外貌上不再是青春少女，但我卻喜歡現在的自己，原因是，在石老師的鼓勵下，這個年紀的我，是有自信，能夠獨立思考，並且找到自我價值的。這些現代女性極力追求的成功特質，原來在石老師身上早已實踐。

現在醫學美容當道，每個人只要花上一點錢，想在外表上變得年輕不再遙不可及。問題是，你的內在年齡、體力、思考、行為、生活模式……等，是否也能夠如外貌一樣年輕呢？石老師不靠整型，卻比一般同齡女性顯得耀眼年輕，她所到之處總是目光的焦點，她是如何做到的？石老師學貫中西，她結合西方理論與實際經驗，告訴讀者如何擁有年輕的形象。

此外，我個人認為，本書非常值得一讀再讀的部分，在於石老師匯集她的人生經驗，告訴讀者如何在心態上永遠不老，以達到生命的長度與寬度，那些具體的做法，是她畢生智慧的結晶，也是她當年常告訴我的話，如今我有了些年齡，更能夠領悟箇中的意義。相信讀者如果可以細細品味，自然能夠心領神會，也能夠真正幫助自己活得開心。

除了台灣，現在的石老師已把她的影響力擴及到對岸，她長年在中國各地演講教學、著書立作，上回回台相聚，她說：「人生最大的成就，不是自己賺了多少錢，而是看到自己的學生變得更好！」無私的為學生著想，處處從學生的角度出發，正是為師者最重要的思維，也是同樣身為老師的我，非常認同的理念。一個女人，如何發揮其影響力，幫助後進，也成就自己！

服裝設計師香奈兒（CoCo Chanel）女士曾說：「女人在二十歲時要亮麗耀眼，四十歲時要充滿魅力，四十歲以後要讓人無法抗拒！」我相信這句話，在石老師身上已徹底實現。年輕雖然人人喜愛，但生命的智慧，卻需要時間來淬煉，一塊石頭，經過琢磨，就可能變成無價的珍寶。期望每位讀者，在讀完此書之後，都可以找到最適合自己的方式，讓自己充滿自信，真正「魅力一生」！

自序

天下沒有醜女人，只有懶女人。相信沒有一個人願意被別人指著說：你最近氣色真差，你看起來好老！相對的，如果有個人當面誇你一句：你看來好年輕！不管這是不是客套話，聽的人相信都會特別開心，而且會回味著這人說話的神貌真假。

到底該怎樣自然形成給人一個良好的印象？這當然不是天生的，這是後天孕育養成的。學校教育很少教導學生如何創造形象，社會教育也極少觸碰這樣的話題，這些到底重不重要呢？

一九八九年夏天，我帶著六歲的兒子到汶萊去旅行。這個國家當時不注重觀光，老公和我一家三口人住在當地唯一的五星級喜來登酒店。每天，除了冒著溽暑去看河上人家，幾乎沒有任何娛樂活動可言。兒子在旅館附設的小型遊樂園打轉，我就在游泳池旁消磨時間。

有一回，一個外國女人吸引我的視線。看她的臉，應該已是花甲之年，沒有修飾，當然也沒有化妝。頭髮短而簡潔，略呈灰白。迷人的是，這位女士的身上沒有一分贅肉，她很自在的走在游泳池的一邊，靜靜的滑向另一邊，蝴蝶式泳姿極其優美，彷彿一條美麗的人魚。

幾個來回之後，女士躺在涼椅上，帽子遮住她的臉。她輕輕地翻動身體，迎著日光，曬著她那均勻無比的身體。一本書擺在身旁，不時的翻閱著，用一種愉悅的神情，寧靜的注視著字句。她啜了一口清涼的飲料，四周的一切好似不在她的世界裡；或者是說，她，已經融入這個世界裡。

怦然心動的是我。一個中國女人若是到了花甲，可能穿的是加大尺碼的媽媽裝，留著不知所措的晚年髮型，期待著兒孫圍繞的喧鬧扶持，談的是如何進補養生，走路可能外八字，坐下來可能就捨不得站起來，臉上佈滿的是歲月的滄桑，嘴裡叮嚀著的是無須牽掛的這和那，埋怨視力減退不太可能閱讀，害怕危險可能不敢單獨越洋旅行……；然而，眼前這樣的一個女人，卻充滿了無比的魅力。

二〇〇六年初春，我在巴黎的中國城酒店，到樓下的小旅行社，打聽有沒有一日遊的行程。聞聲走來一對溫州夫婦，他們說可以帶我去各景點走走，這些景點雖然我都已熟透，但是我還是欣然搭著他們的休旅車，來到凡爾賽宮前。有點小雨，但沒阻擋我的心情。溫州太太看了看我的臉，笑著猜我的年齡。一邊的老公開著車，聽說我已經接近花甲，顫了一下。兩人同時說：怎麼可能呢！我也不太相信自己，可是身分證不會騙人。開車的老公停下來問了一句說：你可以教我太太怎樣保養嗎？我說好呀，我來開個課，叫做「如何在半小時之內年輕十歲」。溫州夫婦於是說，要邀請我到溫州上電視。雖然多半是玩笑話，卻給了我一些啟示。

這幾年，從台灣來到北京，走在熙來攘往的大街，見到無數的男男女女，無論是上班的還是居家的，不少人都對自己的形象、面貌、舉止不愛打理，這和經常去的上海有著很大的差異性。在上海的一場論壇上，我又提到這樣的話題。我開始認真思考，在花甲之際，果真值得給讀者留下一本剖白青春秘訣的手冊嗎？我個人的心得實際說來，是沒有坊間那些美容美體專家來的精采豐富，只不過是體驗自己：「順乎自然，活的精采」而已吧。

石詠琦
新世紀形象管理學院創辦人
二〇一四年秋・北京

目次

第一部

形象就是印象：
打造完美的第一印象

第一章

透過簡單的形象評分測驗，自我檢測：你給自己幾分？

形象學的原理

詩晴是個三十九歲的室內設計師，暑假的時候她來看我，雖然美麗依舊，但是離婚後的的陰影，還是讓她在顧盼之間不經意地流露出憔悴。我們趁著禮拜天的空檔，跑到東區找阿偉幫她造型。經過簡短溝通，沒多久，阿偉就幫她完成了新的髮型。店裡的客人都說，哇！好像年輕了十歲！

舉世聞名的溝通學者阿爾伯・梅拉賓博士（Dr. Albert Mehrabian）發表過膾炙人口的7／38／55定率，被譽為解釋形象學的經典統計數字。事實上，阿爾伯・梅拉賓博士自從一九六〇年代開始研究的是溝通學，並且自一九六四年開始，在美國加州大學的洛杉磯分校進行教學研究工作，是著名的心理學家。7／38／55定率雖然被廣泛的應用，但是也被曲解的很厲害。正確的闡述應該是這樣的：

成功的口語溝通，包括：

百分之七是**說出來的話**

7% of meaning is in the words that are spoken。

百分之三十八是**準語言的部份**（也就是說出來的方式）

38% of meaning is paralinguistic（the way that the words are said）。

百分之五十五是**面部的表情**

55% of meaning is in facial expression。

從這個比例，我們可以看出面部表情的對於溝通的重要性。阿爾伯・梅拉賓博士還發表過一項調查，到底什麼才是吸引人的身體特質呢？大致有五個：

男性化特徵：有力、健壯、胸擴、寬下巴

女性化特徵：長髮、化妝、眼睛大而圓

自我照顧：整體形象好、身材苗條、小腹平坦、挺拔、衣著合身

愉悅神情：很友善、快樂、娃娃臉

種族性

雖然東西方的審美觀念不盡相同，但是從這些簡單的資料，我們可以看出，一般人決定形象的觀念還是從表面的印象而來；而當我們表達意思的時候，臉部的表情占了大部分成功或是失敗的主因。因此，當我們見到人的時候，往往第一印象都和頭臉有關，其次才是身材服裝。

第一印象有什麼重要呢？心理學家發現，人和人相見後的45秒之內，就會產生所謂的「首因效應」（Primacy Effect），用白話說，就是有了先入為主的觀念。一個人縱使有滿腹經綸，然而如果在還沒有被體認出他或她的內在之前，就先被別人拒之門外，那一切的內涵只有等知音或者伯樂才可能會被發現。

新世紀形象管理學院的卓老師，長相斯文，文質彬彬，一切相貌都好，但就是顯老。前幾年他從知名的企業退休，結束了長達三十年的人力資源管理工作，於是興起考

博士班的念頭。第一年，他不幸落榜，形態落寞之際遇見了我，我問他到底發生了什麼事，他說：別提了，主考官三人坐在上面，見到我就說，你是卓文記。我說是，其中一個人說，你剛退休，六十了噢！我說是。那三人頭都沒抬就問，這麼老了還來念書？隨即就把我請了出去。

仔細端詳卓老，雖然我們經常這樣稱呼他，事實上他並沒有多老。只不過擔任傳統產業的工作日久，於是服裝打理鬆散守舊，看來確實有股滄桑感。於是我問他，明年你還想試試看嗎？他想了幾秒鐘說，要，我還要去試試看。於是第二年，我讓他照我的法子去面試，過了幾天他歡天喜地的提著茶葉來謝我說：我考上啦！

或許你會猜我是不是帶卓老去整型美容了？完全沒有！我的方法很簡單：首先，讓卓老脫下那身穿了一輩子的半舊西服，換穿一件立領紅白橫條的T恤，配上時尚的牛仔褲，以及恰到好處的運動鞋；然後，把原先梳的一絲不苟的西裝頭，先染成黑棕色，再梳成年輕人的不規則樣式；最後讓他換下戴了三十年的四方大框金邊眼鏡，改成了個無邊框小長方的無色眼鏡。於是第二年他又進入那一間面試的教室，而且發現連主考官都沒變的時候，卻有了以下的對話：

「你是卓××？」

「是，我就是！」

「咦！你去年來過，好像不是這個樣子的？」

「是，我決心要考上，所以要拿出年輕人的決心來！」

「哦？」三人彼此看看，點了點頭說：「很好，我們要有決心的人。」

於是，什麼也沒再問，就錄取了，卓老歡天喜地的說。

「老」除了是一種面容的表徵，**更重要的往往是一種心態**。相由心生，如果心裡總是想著「我很老了，我六十了，我退休了」，那麼「老」的心態往往會讓自己變得更老。「老」是自然現象，並沒有什麼不好，但是，在這樣的面試場合，擺明了就是吃虧。明明讀博士跟「老」又有什麼關係呢？可是主考官偏不這麼想：我們這裡是學校，又不是養老院。

這麼簡單的例子，就可以告訴我們：第一印象太重要了。調查顯示：**女人因穿著不當而不被錄用的機率，是男人的三倍**。在多年面試當主考官的過程經驗中，我也發現，許多男男女女在一敲門走進來的那一剎那，就幾乎被斷定了錄取與否的命運，尤其是一些需要應對客戶的工作，根本上就是個注重外表的取捨。並不是英俊瀟灑或美麗動人，而是那種感覺跟環境是否搭配。

著名的形象學家美雪・史特玲女士（Michelle T. Sterling）是全球形象、印象和影響學研究專家，她說，在初次驚鴻一瞥的三秒內，一個人就被打了分數。人們就看這麼一眼，就衡量了你的一切：由頭到腳，包括感覺、樣子、身體語言、甚至一顰一笑，連小配件都沒放過。真是很難想像吧！而且，一旦第一印象成立之後，就很難改變。

她進一步分析說：

1. 如果你被推想是個企業或社交層面的人，你會被認定是適合繼續交往的人。
2. 如果你被推想是已經超過企業或社交層面的人，你會被人羨慕而且被當作值得聯繫的人。
3. 如果你給人感覺是低於企業或社交層，你是可以被忍受但是要保持一臂之遙的人。
4. 如果要去面試，你最好得符合這個企業的文化才行。

因此，第一印象是人類對於陌生人的價值判斷，也許你一句話都還沒說，但是一旦這三秒過去了，再說什麼也沒用。如果第一印象很好，觀眾已經打算鼓掌；但是如果印象不好，觀眾怎麼也對你提不起興趣來了。

工作性質決定穿著。如果希望別人，特別是主管和客戶群，都能從衣著上確認你的身分，那就得精心設計一個他們認為適合的樣子。我的學生們經常從大學畢業，進入就業市場的時候，穿著牛仔褲、運動鞋就去面試，當然，公司多半會說，請你從基層做起吧！那就是助理或實習生的同義詞。原因就在，你穿的樣子像什麼，就給你什麼職務。

中國人說：人有前後眼、富貴一千年。意思是說，能夠瞻前顧後的人畢竟是少數。每個人生下來不可能天天照鏡子，也就真的不明白自己給別人是什麼感覺。再加上，很多人的評價都是主觀的，也就更加深第一印象的重要性。西方人認為出門穿著要符合TPO的原則：也就是符合時間（TIME）、地點（PLACE）、場合（OCCASION）的原則。日本人連早上去菜市場都穿的整整齊齊，就是一種對外在形象的重視。

形象代表了一個人的思想、看法、和見識，更代表一個人的人生哲學。我們希望事業成功，在努力修鍊技能的同時，也一定不要忘了服裝儀容、談吐應對的重要性。在擔任美國東西大學領袖管理學院教學期間，我對世界級領袖做過完整的形象分析，發現成功的企業家，不論他們做了什麼功勳偉業，也不論性別老幼，都有相同的領袖形象特質，分別是：

一、領袖看起來永遠充滿自信

二、有自信的人會引導談話

三、由於個性使然，他們身邊自然會圍繞著一些人

四、領導人會自願擔任困難的任務

五、領導人能夠掌握傾聽的技巧
六、領導人總會露出自信的微笑
七、領導人走路的時候會大步前進、並且雙手通常大幅擺動
八、領導人握手時候緊實有力
九、領導人穿著的衣服品質好、保守時宜、具有品味、很少追求時尚
十、領導人通常留著中規中矩的髮型
十一、領導人說話時目光直視他人
十二、領導人看來就是一表人才
十三、領導人很願意加入他人談話
十四、領導人姿勢筆挺

要如何才能具備這些特質呢？其實它們都是形象學的一部分。在接下來的各章中，我們將會逐步檢視，這些特質是如何培養的。

形象評分測驗

台灣的3M公司曾經委託我為他們的一項新產品代言——掃除領口頭皮屑的滾筒。當時我設計了一個問卷，給在座的記者媒體當作示範演練，問卷的內容如下：

儀容指數測驗

~你的儀表給人多少分數呢？測驗一下就知道~

頸部以上 42%				
項目	內容	是	還好	不是
頭髮	以身材比例而言，頭髮過長？	4	6	8
	額頭短卻留瀏海？	4	6	8
	臉龐小卻燙髮？	2	4	5
	臉色黃卻染成棕黃色？	2	4	5
	頭髮常出油、三天洗一次？	2	4	5
	掉頭髮滿地都是？	1	2	3
	頭皮屑看得到？	4	6	8
小計 分				
頸部以下 58%				
衣領	脖子短卻喜歡穿高領？ 脖子長卻喜歡穿V字領？	4	6	8

身材比例			
身材比例是4:6或5:5而非3:7	2	4	6
上半身短卻喜歡穿長外套？	2	4	5
前凸後翹卻沒有墊肩？	4	6	8
暖色肌膚卻喜歡穿暖色系服飾？	2	4	6
略胖卻喜歡穿貼身衣料？	2	4	6
穿長褲卻沒有蓋到腳面？	2	4	5
沒穿涼鞋，也沒穿襪子？	2	4	6
彎腰駝背姿勢不良？	4	6	8
小計　分			

總分：

50-60分 Poor 差
60-70分 Fair 可
70-80分 Good 好
80-90分 Excellent 優

上班前照照鏡子，您給自己幾分？如果只有60分，那就不要埋怨今天運氣不好，因為連自己都不滿意，又如何在職場上成功呢？被時代雜誌譽為美國首位衣櫃工程師的約翰・莫洛（John T. Molloy），曾經說服美國22家中、大型的公司，在年度考核時，加入對員工服裝的評語。莫洛發現，穿著打扮在不特別講究服裝的工作環境中，反而更形重要。莫洛提出失敗的穿著有八大原因：

一、任由家庭背景阻礙了工作生涯
二、掉入流行的圈套
三、一味的追求所謂專家的建議
四、誤把性感當成功
五、錯估自己在別人眼中的形象
六、穿的太隨意
七、自認成功而無需遵守任何規則
八、漠視高階主管前的無形藩籬

在西方，服裝規定（Dress Code）在重要活動時更形重要。例如，為慶祝英國女皇登基五十周年，香港曾舉行大型慶祝活動，英國Prince Edward及王妃Sofie也秘密訪港，參加不少私人性質的慈善活動，像跑馬地Indian Recreation Club舉行的「Golden Jubilee Garden Party」，不少英國皇室成員及嘉賓都要參加。因為皇室人員來港，Dress Code十分嚴格，男士需要穿blazer、suit、smart jacket或是national dress，而女士則要穿national dress以及戴上富有特色的帽子，使整個會場氣氛更添英國味道。

在這個時代，當如何打扮將很大程度地影響一個人是否會成功時，我們可以好好觀察那些注意穿著的人。如果您已經了解成功穿著的重要，但是卻真的不知道該怎麼穿，那其實很簡單，學而時習之就行。但是請別忘了：**人們往往憑自己的喜好為自己打造形象**，而忘記了即使是歌星、影星這些偶像級的人物，都是靠專家來打理形象，他們並非天生就知道如何展現自己該有的優點。

在剛剛的那份問卷裡，我們可以發現，一個人的頸部以上大約占了42分的重點，這是為什麼呢？很簡單，因為多半時間我們都是坐著說話，所以頸部四周會被打量的機會幾乎占了被人品頭論足的一半。請再看看我們的測驗卷裡面的幾個關鍵性的假設，例如：

・以身材比例而言，您的頭髮過長嗎？

請注意，這並不是你喜歡長髮還是短髮的問題，而是你的身長比例的問題，如果長髮披肩，就會縮減你的身長。所以，你適合多長的頭髮，必須要找人從背後來幫你決定。還有，無論留長髮或短髮都會有人喜歡看，可是形象學所揭示的原理，是要以多數人的意見為依規。因此，當你決心要改變自己的形象時，最好多徵詢一些平時不認識的、甚至不相干的人的意見，再不然就去找設計師給你建議，才是比較妥當的。

・額頭短，卻留瀏海？

我們常說不能沒有面子，但是面子從何而來呢？我們可以照照鏡子，看看自己的

「面子」。面子是與生俱來的。這個面子其實就是我們的臉龐。有的人下巴是尖的，兩腮是圓的，我們通常叫做瓜子臉。有的人天生兩腮無肉，下巴是方的，我們會叫做國字臉。無論瓜子臉或是國字臉，臉龐的大小比例，與你該設計的髮型有著密切的關係，如果你的臉龐本來就是小小的，再戴上一幅大眼鏡，再留上很長的瀏海，那就別怪自己常常感覺沒面子，因為人氣是從面子上接過來的。

・脖子短，卻喜歡穿高領？

如果你仔細觀察四周的人，會發現每個人的脖子長短基本上是不一樣的。男人因為有喉節，所以看起來短脖子的比較少；女人因為個子小些，所以相對的比例上長脖子就比較少。這跟服裝領口的設計有很大的關係。前面說過，如果你的面龐總是被頭髮、眼鏡遮遮掩掩，那麼整個臉別人就看不見，再加上如果脖子本來就短，再穿上高領套頭服裝，那豈不是沒剩下多少面子了？

・上半身短，卻喜歡穿長外套？

東方人的上半身和下半身的比例，多半是四比六，也就是上半身占全身的百分之四十，下半身占百分之六十。仔細觀察名模的身材比例，你會發現這些高瘦的人多半都是三比七的身材，或者甚至於是二比八的身材。這其中隱藏怎樣的秘密呢？很簡單，名模跟一般人不一樣的地方就是：他們的腿很長，但一般人卻是上半身比較長。也因為如此，如果你的腰比較高，看來身材就比較好，如果天生是低腰，看來就比較吃虧。這種缺陷其實可以用視覺設計來改觀。人的視覺在服裝設計是落在切線上面。例如說，在領口的設計、上衣的長短、還有裙襬或褲長，都可以用來設計成不同的感覺。上半身短又穿上長外套，不就告訴別人你是個矮子嗎？所以，除非你是瘦高個子的人，否則請不要輕易嘗試長外套。

・暖色肌膚，卻喜歡穿暖色系服飾？

人的皮膚通常被分類成為三種色系：暖色、冷色、和中性色彩。稍具色彩常識的人應該知道，如果你的皮膚黝黑，就別再穿黑的。形象學教我們的是，不要在身上重復原有的形象。譬如說，你天生麗質，皮膚白裡透紅，那就不必再穿上白色衣裙，跟白色比白，與黃皮膚穿黃色制服一樣，跟黃色比黃，這都是錯誤搭配。色彩中的冷色，要配暖色的東西，色彩中的暖色，則要配冷色系的東西。胡亂在街上看到衣服就去買的人，往往回到家就後悔，因為你的色彩沒有經過計畫而思考，所以買回家的東西都無法搭配而穿著時候顯不出特色，甚至還讓自己穿一次就放棄。

・略胖，卻喜歡穿貼身衣料？

何謂略胖？東方人到了西方才明白自己至多也是略胖而已，說不上是個胖子。近年來，由於物質條件愈來愈好，所以社會上彌漫著減肥風。其實，除非你的工作需要，不必刻意把自己弄得瘦骨嶙峋。但如果真的是身上的肉多，就別再穿貼身質料像是絲質、人造纖維、或針織衫這類的服裝，否則豈不是自曝其短了嗎？

現在就做做看

在街上如果看到一個不注意形象的人，我都會有股衝動想要過去幫他們修正一下。初次由台北搬去北京的時候，朋友看我的穿著打扮都會投以好奇的眼光，心想一個年近古稀的人怎會穿成這樣？起先我也不以為意，等住久了到街上看看，還真的感覺自己有些異類。搭地鐵的時候，絕不會有人認為我是老人把位子讓給我。北京街上，多半人都穿著單色調的衣褲，而且侷限在黑、白、灰、綠、藍、紅這些顏色。有一天我臨時接通告上節目擔任貴賓，到附近的服裝店兜了一圈，好不容易才找了件花襯衫，還是藍和咖啡底色的衣服，屬於冷色調。暖色系亮麗的衣服，要到外國人多的地方才找得到。

這是什麼道理？說來也很容易，就是大家還不懂得配色。所以穿單色簡單，可以不用頭腦。這種情形到了其他城市就不一樣了，如果是生活步調快的地方，從穿著上可以看出有明顯的朝氣。而像香港、新加坡，更是不一樣，充份體現國際水準的服裝搭配。

前兩個禮拜我到醫院去探望個生病的老太太，正巧她的媳婦帶著兩件新衣服拿到病房給她試試。我一看就覺得不妥。生病的人本來氣色就不好，再穿上黯然無色彩的衣服，豈不心情會更差？彩度高的服裝會讓四周亮起來，而且氣色好的時候，心情會特別不同。

我的衣櫃總會預備著一兩件新衣服是屬於亮彩的，以便臨時有客人來訪或是出外拜訪的時候穿著。「書到用時方恨少」、「衣服永遠少一件」是大家經常的遺憾。你是否曾經問過自己，為什麼總是得不到應有的賞識和掌聲呢？很有可能，不起眼的裝扮，就是一個原因。

現在就試試看吧！有些事情是輕而易舉就可以讓您馬上年輕十歲的，例如：

- 多花一點點的錢到髮型設計師那裡去走一趟，肯定會有馬上年輕十歲的效果！
- 找一件比自己年輕十歲的人穿的衣服試試看，其實不說人家也猜不出你的年齡！
- 有白頭髮的人，可以染一染，再不就買頂假髮，這也比看來蒼老好得多！
- 設法挺直腰桿，特別是未老先衰的年輕人，多半都是駝背脊椎側彎導致的！
- 把您的眉毛修一修，這樣看來臉色會清新許多！
- 換上一副新眼鏡，不要是二十年前用到現在的那種！
- 女性搽點口紅、刷刷眉；男性好好洗把臉、刮刮鬍子、修修鬢角！

看看剛才那些改變，在鏡中的你，是否年輕十歲了呢？其實用不了半小時，你就年輕了十歲。當然這些是治標不治本的辦法，想要真正年輕，並且展現出個人獨特的魅力，將是本書接下來的重點。

你給自己幾分？

我在大學有多年教學經驗，學生對我算是十分喜愛。我教的學生多半是畢業班，他們在畢業後，經常為了找不到工作而困擾。這裡面很大一部分的原因，是因為現在的孩子只有學問高，處世做人往往落差很大，尤其是他們對於社會上所應有的工作形象毫無所知，只知道跟著電視或是雜誌有樣學樣的結果。往往在面試的第一關就被打了回票，並且會就此大嘆工作難求；其實是學生的心態需要調整，他們沒有給自己一份正確的評價，總以為自己的學歷就是金飯碗，經常拼命讀書，卻忘了需要打造擁有個人特色的形象。

面試當中最關鍵的三十秒，就在剛見面的那一刻，但是，許多人給主考官的印象是這下面四種：

・沒有特色的履歷表：

許多學生的簡歷和自傳都是從網路上抄來的，常有學生請我幫忙介紹工作或修改自傳，但我卻常發現這些千篇一律的文章都像是經典的文抄公所寫，即使不用看也都背的出來。老實說，公司的人事部門每天過濾各種履歷不知凡幾，你那份也許排到幾百或幾千號被審核，如果只是泛泛之輩寫出來的東西，真的很容易就被打回票。

・抓不到重點的自傳

履歷自傳都得配上張照片，相信我，許多閱讀自傳的人，都是先看你的玉照才開始看你的自傳，這張相片可能跟你精彩的敘述一樣重要。學生喜歡用的照片大致上有兩類，第一種是校園生活，甚至把畢業照也貼上去，看來像是宣示自己的學歷。第二種是漂亮的生活照，就好像你打算來公司逍遙一下，這些都不是很適合的照片。自傳的寫法應該對自己的理想和抱負做一點描述，除此以外，個人的興趣和能力也很重要；你選的照片必須符合你選的工作，例如說，求職會計工作，就該有個會計的樣子；若是業務，就該有個簡潔俐落的樣子。這樣的第一印象，才會替你加分，而不是讓你吃了悶虧。

・沒有表情的語意語態

學生來到求職現場，往往沒有情境上的預備，答非所問，面無表情，給人印象好像是來應付一下的。面對主考官，必須要能抓住對方的眼神，要看著對方講話，這是基本的禮貌。可是我自己面試過很多年輕人，一進門就顯得慌慌張張，講話顧左右而言他，一看就是沒有心理準備就來應試。這種人絕對會被打敗，成為職場上的「常敗軍」。無論怎樣都該事前對於口試的經常性問題加以推敲。把該講的答案先想一遍，例如，你為什麼想到本公司工作，這不是每個人都會問的嗎？為什麼就有很多人答不出來呢？

・不知所措的應對回答

除了面無表情會扣分，不之所措的答案也往往讓人不喜歡。每次面試都有很多人要決定，主考官當然也很急著要都談完，趕快做個決定。要是你還坐在那裡支支吾吾，相信坐在那裡的主考官一定恨不得你趕快走吧！記得要找好的工作，並不是學歷資歷夠就可以被錄取，大多數的原因都是進一步要看你的面試反應，否則何必面試呢？交個考卷不就得了嗎！

所以，在出門以前，建議你要先給自己打個分數。最好邀請一兩位朋友扮演主考官，讓他們聽聽你所說的問答是不是很像樣。如果自己答非所問，那就別怪運氣始終不好，得看看自己的準備是不是真的充分。

除此之外，面試者在眾目睽睽之下，也經常犯了以下的毛病而不自知：

・穿著不得體也不搭配

前面說過，做什麼像什麼。一個會計就不會像個老闆，一個工程師就不會像個醫師。要是打算擔任內勤人員，就該像個簡潔俐落的人一樣。如果是求職項目是個軟體工程師，就不要打扮的像是個花蝴蝶，惹人非非之想。許多人隨心所欲的穿著，造成自己工作失利而不自知。職場上不會有人告訴你該穿什麼最合適，但是卻有很多人知道你的這一身的確不合適。穿著如果總是為自己而打扮，那就違反了形象的原則，**穿著是為了別人看你是怎樣的人而打扮**。

・過度豔麗可能不是好事

我曾擔任過多年的秘書選拔工作，有一天來了個應試的女孩，長得的確漂亮，可是就是打扮太過招搖。她的大紅色指甲很吸引人，我無意間讚美了一下她漂亮的指甲，她卻說自己不喜歡打字，因為會把漂亮的指甲弄壞。天呀！擔任秘書能夠少打字嗎？這件事我到現在還記得很清楚，如果是這樣，恐怕只能回家當少奶奶了吧！天生麗質固然很好，但是成了這樣就矯枉過正了。

・頭重腳輕讓人覺得沒自信

一個人從早到晚都坐著的時候比站著的時候多，上半身臉部附近因此成為注目的焦點，因此，臉部四周也就成了焦點中的焦點。然而，頭重腳輕或頭輕腳重都不是得體的打扮，給人上下不平衡的感覺，較難得人信任。比如說，有些人長的不高，卻常長髮披肩，誇張一點的，看起來就像是除了頭髮什麼都沒有了。現在的年輕女孩有不少都是這樣，多半是受流行趨勢影響。一頭長髮披肩縱然人人稱羨，但是在工作場合卻未必是個優點，倒不如把自己的頭髮束起來，反而看來像是來找工作的，不是來選美的。

・努力打扮卻沒人注意

有人過度打扮，有人過度不經意，這都是毛病。在形象學家的眼中固然不好，在公司面試官的眼裡也是一樣。他們可都是天天看人的，看人看久了就自然看出個苗頭來了。大部分的主考官注意的是你適不適合擔任這份工作，主導權在他們手上。吸引他們注意的往往不是你的外表，但是外表卻也是進入這個工作的門檻之一。

美國前國務卿季辛吉並非出身自富裕人家，他當初從哈佛大學畢業時，連第一份薪水都還沒拿到，就以貸款的方式到頂級的西裝店先訂做了一套西裝。社會新鮮人剛開始還不必思考怎麼穿得漂亮，至少前兩年想的應該是這些衣服適不適合上班，自己今天穿的這件衣服究竟投射出怎樣的形象。**當你能站在投資事業的角度去思考衣著的重要性，就能持續練習穿著，提升外表服飾的氣質，讓衣著成為自己事業上的助力。**

著名的形象顧問陳麗卿女士認為，社會新人在添購行頭的時候，往往是以看起來漂亮或心情爽快為依據，事實上，**工作人應該把穿著視為經營形象必要的投資**。她在一場演講中指出現代人穿著的幾個錯誤：

職場新手常犯的穿著錯誤中，最常見的是不得體，也就是穿著不符合企業文化。新鮮人首先應觀察公司的dress code，是全套西裝、半套西裝或商務便服。很多人不會分辨休閒服及商務便服之間的差異，其實商務便服的英文叫smart casual——意思是它雖然休閒，但你需要讓自己看起來很smart。

其次是過於漂亮。所謂「太過」是指全身行頭都非常醒目，尤其是當他的績效普通，或經常遲到早退，更容易讓老闆誤認他是個花瓶，將大部份心思都花在打扮，而非工作上。此外，過於漂亮還包含穿戴標誌明顯的名牌，像第一天上班就帶個ＬＶ包包，我覺得這是比較危險的行為。

第三是脂粉未施或濃妝豔抹，對多數職場女性而言，適度化妝是必要的。我們發現許多人只在面試當天上妝，此後再也不打扮；或是上班素著一張臉，快下班前才趕緊化妝，因為之後還有私人約會。這樣的行為給老闆跟同事的感覺相當不專業，應極力避免。

全球首間專為男士開辦的紳士學堂，在蘇格蘭開班授徒，為那些害羞又想進入上流社會的男士提供禮儀指導及增加自信。課程包括基本的社交及餐桌禮儀，演講、衣著、品酒、社交舞及棋藝等上流社會的社交技巧，務求令男士們在任何場合都不失體面。每班最多收十名學生，學費當然也不菲，為期三天的課程總共收費約六百五十八英鎊（約台幣三萬三千元）。

曾經是英國廣播公司電視主持及演員的課程創辦人戴安娜・馬瑟表示：在當今多元化的社會中，很多管理高層來自不同的家庭背景，很多人是家族中進入大學的第一代，因此，他們的父母沒有晚宴或社交應酬的經驗。學堂招收19歲以上的男士學生，三日課程內容分別為：

第一日：日常生活禮儀、公關演講、餐桌禮儀、練習優雅站姿、坐姿和步姿、學習穿衣之道、學打橋牌或下棋。

第二日：營養學、急救、交友及交談技巧、打高爾夫球、話劇、社交舞、品酒。

第三日：按摩、學習如何在各種社交場合擴展人際網路、自衛術、皮膚和頭髮護理。

在現今的社會，若想獲得更多的肯定或升遷機會，**一定要建立獨特的「個人品牌」**。所謂「個人品牌」，就是個人除了擁有優秀的工作能力外，在人際關係上要有良好的口碑，最重要的是要讓人留下深刻的印象！想要在眾多競爭對手中脫穎而出，絕對需要「形象包裝」來助你一臂之力。

嗅覺敏銳的個人形象管理顧問，除了提供服裝、美姿美儀、面相方面的諮詢，還要在很短的時間內觀察諮詢者的習慣、小動作、個性，並根據對方的職業特性，給與適當的個人形象建議。經營個人形象管理工作室多年的Linda Chen有句話說的好：「我們常常建議來我們這裡上課的學員們，經營『必須』的形象，而不是經營想要的形象。」

「個人形象管理顧問」與「時尚造型設計師」（Fashion Stylist）的界線目前還相當模糊。其實，個人形象管理顧問的工作，涵蓋內外整體形象，為個人打造適合的專業風采；而造型設計師的服務對象則大多為模特兒或演員，著重視覺創意與時尚潮流。打造專屬個人由內而外的專業風采，卻還必須加入對個人特色、工作屬性的深入瞭解。

具體來說，個人的形象從何而來呢？主觀而言，與個人本身和身邊相關的人——像是配偶、親人、朋友、同事——有關。客觀而言，則與一、聽覺——聲音語言（音質、音調）；二、年齡、音量、速度、語氣；三、教育程度——溝通技巧、談話內容；四、職業與工作性質；五、居住與工作地緣；六、文化背景有關。總之，在現代社會，已經不像以往，純粹以自我想像和自我中心為依歸來做事情，必須注意社會的脈動和他人的注意力，間接造成好的互動交流，打造黃金人脈。

美國知名形象設計公司負責人，也是全美最大企業形象顧問公司總裁畢克絲樂女士，以自身多年的經驗，提供讀者一些具體可行的自我訓練方法。她的公司擁有二百多名專業形象顧問，其著作《專業風采》一書（Professional Presence），提到專業風采融合了泰然自若的儀態、自信心、情境控制力、個人風格和隨機應變的能力，能讓我們在任何處境中，都可以贏得尊敬。專業風采是以十足的專業信心，處理事業上的每一種狀況；讓人可以清楚的知道，如何表現自己才能給人深刻的印象。

縱橫商場最有用的能力，就在於創造強勢的個人風采，若要在步調愈來愈快、競爭愈來愈激烈的世界中生存，便不可忽視它。要置身商界，就要能八面玲瓏，應付各種不同背景、不同經驗的人，適應瞬息萬變的商場環境，這是一種不可或缺的本事。光是瞭解數字並不能造就偉大的會計師、銀行家、銷售員、或是股市經紀人，如果能再加上合宜的舉止、出色的風采，便不難成為傑出的商場專業人士。

因此，個人形象與個人品牌的塑造，已經是商場上和職場上所必須的，也是大家推波助瀾所形成的趨勢。知名的公關顧問孔誠志曾經說過，良好的企業形象是由「內涵」

乘以公司的「知名度」；而個人的形象也應該是「能力」再乘上「表現力」。惟有將專業能力運用專業風采表現出來，才能在這不斷前進的商業洪流裡，脫穎而出。

此外，知名的整合國際顧問有限公司負責人黃慰萱女士曾經指出，中國人很早就談到形象；魏晉南北朝時，提到人有無窮盡的本體，但我們的言語、時間、表達是有限的，如何用有限的言語及時間將本體無窮盡的潛能表達出來，便需要加以規畫，形象就是將內心真實的自我「規畫」出來，有人規畫出來的是消極的自我，有人則是正面積極的。

以往，形象給人的感覺多半是指外表的，例如化妝或造型，因而形象似乎是為了某種目的而「捏造」出來的東西。其實形象並不是如此。形象和我們的內在有絕對的關係，是內心的「動象」表現於外的「形」。在一九六〇年代，形象是白領階級的專利，代表階級的區隔。到了一九七〇年代，人們可以從一個人的外在形象判別他的身份地位。在英國，形象的發展初期，是為了政治人物塑造形象，以贏得選票，這是根據市場學的研究，得知群眾喜歡什麼類型的人，於是把候選人塑造成那種人。到了一九八〇年代末、一九九〇年代初，反省的聲音出現——捏造外在形象是否有欺騙之嫌？有一句話說，假的看多了，一眼就被看穿了。形象最難的部分，就是學習「真實」形象，也就是中國人說的「表裡合一」。

黃慰萱認為，形象的目標是為了要產生「能力」，形象不是死板、靜默的一張照片，它會帶出能力，把個人的潛能、愛心做最佳的結合，達到「表裡合一」的目標。對個人而言，形象對我們的幫助是，人們會走過來和你交談，和你親近，或是願意聽你講話，並且相信你所說的。形象的規劃就是要達到正確的目的，讓人願意親近我們，使我們可以將愛心很自然地傳遞出去。她說，許多人耗其一生時間，只在求勉勉強強的「成功」而已。有些人遲到會找許多藉口；有人該做的事沒做，便找許理由搪塞，充滿許多「因為……，所以……。」還有的人有一肚子的牢騷、怨歎，這些人的形象多半不好。所以需要學習少在話語中表達「因為……，所以……。」讓人瞭解狀況，但不多作解釋，一而再、再而三的解釋會造成不好的形象；任何時候，形象都只有一個目的：能夠表裡合一，真心待人。

根據這些專家的意見，您是否逐漸明白形象塑造的重要，和形象管理的真正意義呢？本書的第二章到第五章，會告訴您如何替外表加分，第六章到第八章，會解說如何替神態增添魅力，第九章到第十一章則側重由內而外的功夫，最後一章則總結身心靈的成長要件。誠心祝福您，在讀完本書後，能夠有一個嶄新的開始！

重點整理

- 心理學家發現，人和人相見後的四十五秒鐘之內，就會產生所謂的「首因效應」（Primacy Effect）。
- 「老」除了是一種面容的表徵，更重要的往往是一種心態。
- 個人形象與個人品牌的塑造，已經是商場上和職場上的必須。
- 縱橫商場最有用的能力，就在於創造強勢的個人風采，若要在步調愈來愈快、競爭愈來愈激烈的世界中生存，便不可忽視它。

第二章 找到適合自己的髮型

臉型決定妳的髮型

有一天，安利的四個年輕美容師，請我中午到她們家裡作客。四個女生七嘴八舌的打開話匣子，對我的形象塑造學很有興趣，吵著要我幫她們「看相」。她們都是專業美容師，青春美貌自然不在話下。我仔細看了看，四個人當中有三個人的頭髮都不合格，比實際年齡老了好幾歲。

慶玲，以前是經營服裝店的，穿著新買來的黑色套裝顯得還不錯，臉上皮膚很好，看不出歲月的痕跡，但就是髮型實在很破壞形象。她和大多數現代女性一樣，頭髮不多，所以就燙過、有點捲。可是也和大多數人一樣，髮線已經很明顯的在一邊，成為一條將來會禿頂的分開線。她的額頭很高，但是瀏海許久沒有梳理，很零亂的搭在前額。整個髮型毛毛躁躁，使她看來有些傻呼呼的焦慮感。

我簡單的告訴她幾個步驟，首先要把髮線趕快改成另一邊，這樣前額的瀏海就會顯得多一點，可以遮住她那寬大的前額，不至於顯得前面光禿禿的。還有，洗頭髮的時候，要把洗髮精用手搓開成為泡沫，然後由頭髮往髮根搓過去。千萬不要就直接在髮線的部位擠上洗髮精再揉，否則那一塊地方會愈來愈沒有頭髮。

雲霞，是個方臉，也就是女人比較少見的國字臉，她也是到肩膀的短髮，但是所犯的錯誤是把頭髮放在了耳朵的後面，使她看起來整個臉龐過大。其次，她的頭髮佈滿了髮膠，看起來是為了要造型，讓自己比較年輕，結果適得其反，頭髮顯得厚重僵硬、不自然。

我把她兩頰的頭髮從耳後移到耳前，這樣她的兩腮寬骨就突然不見了。四方臉顯得線條不那麼直愣愣的，她的姊妹們立刻發出驚嘆聲：「怎麼一下子就不一樣了！」我拿了一把梳子，漸次推開她的髮頂，讓髮絲歸於自然，不再那樣固定的像是一頂帽子，她們個個在大鏡子前面攬鏡自照，馬上就是麻雀變鳳凰。

彩雲，是今天的廚娘，煮好菜之後跑出來讓我給她看看，我舉起大拇指說：棒。今天彩雲的妝畫的不僅是自然美好，連髮型也是超乎尋常的好。個子不高的她，留個學生型的俐落短髮，實在沒有可以挑剔的地方。其他三人仔細看了很久，真的很好。首先是瀏海，剛剪過，一點也沒遮住眼睛，兩側的鬢角也正好在耳際中央，後面的長度不多不少，正好給她美好的圓臉當背景。

豔萍，是個長臉，外表看來酷似個韓妞，她的髮型毛病最多，首先是長臉不能再把頂上的頭髮往上抓，這就顯得臉更長了。我用手輕輕的把她的頭頂頭髮往下壓一點，大家果然說這樣好看多了。其次是瀏海已經開始壓住眉毛，這對額頭不很高的她來說，接不到人氣了。與人溝通的時候，不容易產生進一步的信任感。最簡單的方法就是把這瀏海趕快修剪一下，不用十分鐘就可以換個臉型。

許多人進入髮廊之後，髮型設計師第一句話就會問，要剪，還是要燙？隨後就拿出本又厚又重的造型書來給你參考，本來就不知所措的顧客，這時候更是慌了手腳，一會兒覺得這個不錯，翻翻看又認為那個更好，於是左挑右選，最後弄出個髮型來，好像還不錯，可是等回家自己洗過一次，那個型就完全消失。

其實髮型設計，除非是時髦的年輕人或是趕流行的追星族，否則簡單容易整理是第一要項。其次，要配合你的職務，當然最好是要看來比實際年齡年輕。我個人經常審視髮型的設計，最直接的幾個建議分別如下：

頭髮的長度

無論留長髮或是短髮，都會有人欣賞的；所以，長髮或短髮的選擇可以隨心所欲。但是請記得，多數人覺得對的，才是正確的選擇，千萬不要因為自己喜好或是男／女朋友的偏好，就來個長髮為君剪，短髮為君留。在你決定長度的時候，必須想想自己的身高。因為頭髮在身後是會吃掉你的身高的，你自己看不見，就必須由四周的人給你一些建議，到底留到哪裡才最好。男士們也一樣，自己很難看到後面，一定要有人提醒。

其次是要注意您的工作，是否應該有一種俐落簡單的造型。現在的上班族，幾乎每天早上出門前的時間都很緊湊，所以必須選擇一種好整理、不費心思的髮型，但是不費心，並不意味著就不修邊幅，或馬馬虎虎；這會讓四周的人，感覺您是漫不經心的來上班，無論主管或同事可能都會問，是不是沒睡好？怎麼披頭散髮就來了？

建議您在職場上要觀察一下大家都是怎樣的髮型，不要標新立異，跟其他的人差的太遠。要知道上班也是一種企業文化的整合，公司裡雖然沒有規定頭髮要怎樣打理，可是如果其中有一兩個跟其他人差距太大，相信主管也會對這些人特別留意，往往也會讓其他人「另眼相看」。如果你喜歡長髮飄逸，但在工作時，這些飄來飄去的長髮會妨礙工作效率，那就建議你先挽起來，等下班再還原成為美麗動人的面貌吧！

前額的寬度

髮型設計的第二個要項，是取決於額頭。每個人的額頭有高有低，只要掀開前額的頭髮，就能仔細端詳自己的額頭。如果怕自己的判斷太主觀，那不妨請朋友幫忙看看，您是屬於高額頭、還是短額頭？雖說沒有什麼絕對的因素，說哪種額頭算是最好，但對於髮型設計而言，額頭這一塊的確是瀏海的主要依據。

寬大的高額頭最好有瀏海遮掩，才不會顯得前庭太過招搖。但是瀏海牽動的髮線經常要換邊，否則很快的，這一邊的髮線就成了禿禿的一直線，漸漸沒了頭髮，很不好看。此外，瀏海的正確長度是：最長的地方不要超過眉峰的位置。換句話說，如果你有瀏海，恐怕每隔一個月或一個半月就要修剪一次。有些人為了省錢、省時間，乾脆自己動剪刀，這種作法風險比較大，還是要評估一下自己的技術才行。

捲髮或直髮

很多人都對自己該不該燙髮感到煩惱，其實，這必須看你的臉型來決定髮型。最簡單的形象定律就是，**圓的配方的，方的配圓的**。造型是用來彌補身形的不足的，不該讓自己的缺點曝露無疑。請好好的照照鏡子，看您是下巴尖尖的瓜子臉，還是下巴圓圓的圓臉，或是臉比較方的國字臉。舉例來說，如果已經很圓的臉蛋，就不要再弄個圓形的頭髮，那就顯得太貴氣、太富態了。相反的，如果想要把自己塑造成富貴氣很重的人，那就別忘了把頭髮燙起來，小捲燙是個滿適合的選擇。男士們如果已經是個長的或是方形的臉，頭髮的設計就不要削的有棱有角的，那樣看起來雖然很有威嚴，但是缺乏親和力，在當今的社會是比較吃虧的。

進入髮廊之前，請先問自己這些問題：

1. 我擔任的是什麼職務、怎樣的工作、四周同事大概都是怎樣的髮型？
2. 我的身高很高嗎？中等身材還是很矮？
3. 我的前額是否看來很沒有精神？

4. 我的臉型是尖的，圓的還是方的？
5. 我這次的造型之後可以維持多久？我可以自己整理髮型嗎？
6. 我這個髮型是否很能突顯個人的特色？

這些都有了答案之後，最好寫下來，等到了設計師那邊，才不會手忙腳亂，或者是人云亦云。我經常拜訪許多有名的造型師，他們都說客人不尊重專業，自己的意見太多，再不然就是溝通不足，客人到底想要什麼，都沒有說明白，以至於設計好之後，才感到後悔。明明是個很好的設計師，倒成了英雄無用武之地，這樣的形象設計，吃虧的當然還是客戶自己。

髮型改變你的心情

如果我們仔細研究一下每個人的頭髮，你會發現，**頭髮是你情緒的代言人**。以前我的一位主管，喜歡在電梯裡近距離觀察人們的頭髮，有一天他告訴我說，這一任的環保署長做不了多久，就會下台。我大吃一驚，以為他會算命，便追問他原因。他說，很簡單，「我發現他有很多頭皮屑」。頭皮屑跟下台有什麼關係？他說，當然有關，有頭皮屑表示他很煩惱，一個重要的官員忙的連肩膀上的頭皮屑都顧不了，也沒人幫他顧這個，可見他忙的很心焦，還有呢？沒有親近的人敢幫他打理這個，這個人恐怕已經眾叛親離了！

聽完這位媒體大老的一番分析不久，他說的那人果然下台了。我不得不佩服他的心細與觀人於微。事實上，頭髮是身體髮膚的一部分，情緒不好的時候，人的皮膚的確會起變化，比方說臉上起痘子、指甲不平整、頭髮有頭皮屑。這等小問題普通人可能沒當回事，可是若是給專家看到，解釋起來就很不一樣。

人在心情好的時候，往往頭髮就會柔順服貼；相反的，心情不好的時候，頭髮就會像是雜草一樣，怎麼打理都不行。如果今天上班，看見老總氣急敗壞，頭髮沒梳理，那最好離他遠點；如果同事也成這個樣子，你可能會關心的問問，是不是沒睡好呢？還是家裡發生了什麼事？這察言觀色的第一步，往往就是頭髮。

我有一位相當要好的女性友人，她是一位教會議展覽的教授，與老公伉儷情深幾十年，羨煞許多人。但是不久之前，老公突然得到猛暴型肝炎，她聽說老公的這個病之後，急的一夜之間就白了頭。可見得人在遇到挫折、失意、打擊、重創、不幸、厄運時，頭髮也會有感覺，真的就會把所有心理的情緒，立刻體現在身體的表面形象上。怒髮衝冠憑欄處，瀟瀟雨歇。我們的頭髮真的會氣的翹起來嗎？雖然我沒有看到實際的案例，但是生氣的時候，頭髮會直立倒是真的。

現代人因為酸雨的侵蝕還有壓力過大的原因，容易造成早期性的禿頭，雖然相書說「千金不頂重髮」，有錢的的人頭髮少，又說十個禿子九個富，但是如果才三十來歲，就漸漸的禿了，看起來也不好看又容易顯老。那麼除了找醫生植髮以外，買頂假髮來戴也是個辦法。

植髮的原理，是採取周邊頭髮的髮根，移植到沒有頭髮的額部或頭頂，這些被移植過去的的髮根，可以在新的禿髮部位繼續生長，而且它的生命力仍保持在周邊時一樣，終生不再消失。所以，根據醫師的解釋，植髮是將殘存在周邊的髮根平均分配到沒有頭髮的部位，達到改善美觀的目的。為什麼周邊的髮根，被移植到禿髮部位後，不會重蹈覆轍又掉落變禿呢？答案是，周邊頭髮的髮根上，沒有雄性荷爾蒙接收器，所以它不會受到雄性荷爾蒙的抑制作用。被移植後仍保持這一特性。周邊的髮根被取去後，那裡就不會再生長新髮，所以是用一根少一根，如四周頭髮已經很少的患者，髮根資源將就逐漸不足供植髮所用。

植髮的方法很多，目前公認的最佳方法——「巨量顯微毛囊移植」，效果自然美觀，而且毛囊移植後的存活率最高。所謂「巨量」，是指一次手術即移植一千到三千個毛囊到禿髮部位，這是相較於以往一次只能移植數百束而言。「顯微毛囊移植」的意思是指在立體顯微鏡下，將從後枕部取出的有髮頭皮，小心地分離其中的毛囊，把毛囊一個一個的單獨分離出來，然後再將它們一個一個地插種移植到禿髮部位。約四個月後，這些毛囊即可在禿髮部位長出新髮。

如果您不打算受這個罪，而且也花不起這個錢，那麼，考慮買頂假髮吧。選擇假髮也是個大學問，有的是人工的頭髮，有的是原生的頭髮，價格不一樣。有些人是遺傳性的禿頭，那麼植髮也沒指望，就得仰賴假髮。醫療性假髮技術現在已經很好了，其實完全不用擔心別人會看出來，透氣度良好，看來就跟真的一樣。

我雖然沒有禿頭，但是也有好幾頂假髮。原因是在社交應酬的時候，我可以快速變化不同的髮型，如果服裝需要的是長髮，而我現在是個短髮，那麼我怎麼能夠快速長出來這些頭髮呢？所以大家在電視上看到的影視明星、節目主持人，他們都有自己的道具，或者，製作單位也會為他們準備好各種假髮備用。

改變髮型，有助於換個心情，套句曼都髮型連鎖常用的一句話：走一趟曼都，風情萬種。倒不是每個人都需要萬千種柔情，但是請不要忘記，換了髮型，心情會隨之改變，這是千真萬確的事。好的造型，甚至會讓你立刻有變年輕的效果，為何不勇敢的嘗試這第一步呢？

如何保養頭髮？

您都是怎麼洗頭的呢？男士們洗頭多半是配合洗澡的時候，嘩啦啦的冲一下就好了！相反的，女士們可就像是辦件大事一樣，又要選牌子，又要保養；超市裡單單是女性用的洗髮精，足足有一整個架子那麼多。甚至有很多人認為，洗髮精要常常換牌子才行。

我沒有仔細研究過每個品牌的成分，但是根據理論來分析，無論是洗面乳、洗髮乳或是沐浴乳，各廠牌的成分其實是大同小異的，主要的不同，是在香料的選擇和皮膚的適應性。比方說，染燙過的頭髮，就需要額外的呵護，此外，乾燥和油性皮膚的人，適合的成分也會有所不同。至於其他的不同，就是廣告明星不同吧！消費性產品主要靠的是品牌的宣傳，最重要的就是模特兒的示範。所以，經常換不同牌子會對頭髮比較好的說法，是沒有什麼根據的。

但是，洗頭髮的方法就非常重要了。有一次我問了一位資深的洗髮專家，她告訴我，正確的洗髮步驟大致是這樣的：

- 首先，要把頭髮淋濕：用中溫的水，浸濕所有的頭髮。
- 然後，把洗髮精在手上搓揉出泡，沾在頭髮上，注意，不是頭皮上。從頭髮上搓泡，慢慢的向上搓到髮根上。切記不要直接把洗髮精倒在頭皮（特別是在髮線），以免洗髮精的化學刺激，讓那一塊頭皮愈來愈不長頭髮。
- 接著，可以輕輕用指腹在頭皮上面按摩，一方面放鬆心情，一方面對毛細孔的清潔有很好的效果。
- 第一次清洗，用溫水就好，這次主要是洗頭皮，要徹底洗乾淨，包含耳際和耳後。
- 接著，用少量的洗髮精搓揉成泡沫，再洗一次。這次的重點在於髮絲，無論是長髮或是短髮，都要徹底把髮絲洗乾淨。講究一點的的人，還分兩種不同的洗髮精，例如第一次根據你的髮質用專用洗髮精洗頭；第二次就用一般的洗髮精洗。
- 第二次洗乾淨以後，就可以用潤髮乳了，可以幫助頭髮做好保養。通常潤髮乳分為塗上去之後要沖掉和不需要沖掉的，買的時候也需要注意。

在家裡洗頭的時候，可以先把潤髮乳或護髮素抹上，把頭髮包起來，然後洗澡。等到洗好澡之後，再把包頭的毛巾拿下來，這個五分鐘到十分鐘對頭髮的護理很重要。如果在髮廊馬上塗、馬上洗掉，事實上對護髮沒有多大的效果。

每個人對於早上起來滿地的落髮，都會怵目驚心。其實新陳代謝正常的話，每天掉一百根頭髮都沒關係的，不用擔心長不出來。

如果沒有必要，其實可以不用燙髮。因為無論再好的燙髮劑，對頭髮都是有影響的。不過對於頭髮過少，還有臉型特殊的人而言，的確是需要燙髮的。我自己燙髮的原因也是一樣，發現頭髮剪短以後變的很少，看起來頭輕腳重有點上下不成比例，所以就燙一下讓頭髮看來比較多一些。除此之外，如果真的想要有點造型，可以局部燙一點點就好。

讓頭髮有點捲曲或是呈直線，必須視臉型而定，基本的原理很容易理解，如果您的臉很長，就不要再留著兩邊直直的長髮，這就使得原來的臉型更往下拉。如果您的臉很圓，就不要讓頭髮變得也是圓形，看來會傻傻的。髮型設計師可以巧妙的把髮線拉到你最美好的那個部分，例如眼角或是臉龐，將會加分不少。

至於是否要要染髮，也是要看個人的需要。沒有必要，只是為了好看，那就不用花這份心思吧！哪種人必要呢？那就是少年白的人。少年白是有遺傳性的，每個人都不希望自己早禿或是少白，但那與ＤＮＡ有關，不是自己可以控制的。如果年紀輕輕白了頭，可能影響交友和自信，倒不如定期染髮，否則對自己的面貌失去信心，工作總是會受到影響的。

年輕人喜歡變化不同的顏色，那就要先看看自己的膚色。請仔細看看頭頸以下或手臂的皮膚，推敲一下自己是比較黃黑的暖性膚色，還是白裡透紅的冷色膚色。有了基本認知之後，再來決定自己應該染成什麼顏色最適當。美髮沙龍裡都有染髮色系樣本，最好拿起來在臉旁邊比比看，不要選擇那些差距過大的顏色，因為通常染好之後，與原本的想像會有不同的。這一點請千萬要注意。

我自己染髮的原因有兩種，第一是要臨時參加大型筵席、出場表演或是擔任來賓，這時候用一種噴霧式的染髮劑效果很好，只要把頭髮固定好後，再用全頂式的噴法把頭髮變色即可。這種染髮劑用完之後需要馬上洗掉，否則很傷髮質，洗的時候還得洗兩三次，否則洗不完全。第二種是為了要讓自己看起來不同，像是年紀大了，要顯得年輕，就得讓自己時尚些。不過染髮之後就很難脫離它的魔掌，因為不久之後新長出來的頭髮會變得與染髮的髮色不同，反而不好看。染髮就和美容一樣，必須持之以恆，不能只做一次性處理。

如何改變髮型？

既然明白了頭髮在個人形象上的重要性，接下來，讓我們談談如何修飾自己的髮型。著名的形象專家羽茜女士在其所編著的《修養何來》裡面，提醒大家應該依據自己的特點慎選髮型，原則是：男性應該講究陽剛之美；女性則崇尚陰柔之美：

1. 選擇髮型應與自己的體態、年齡相匹配。
2. 選擇髮型應該與自己的身分、工作性質和周邊環境相匹配。適應不同職業以及不同身分的人，應該有不同的髮型。
3. 選擇髮型應該與自己的臉型相協調。

我的一位大學教授，所任教的是英國文學史，先生是個有名的木版畫家，很喜歡她留長髮，所以雖然在校任教幾十年，都是長髮披肩。個子不高又有點發福，五十多歲還是很長的頭髮真的有些不搭調，所以有一天決定去剪成短髮，結果回家一敲門，老公居然開門就問「妳找誰」？隨後幾天都不跟她講話。

這是典型的例子：為了「她」或「他」的喜好而塑造形象，縱使天下人都認為不適合，可是卻為了迎合「她」或「他」的興緻而不能改變！你是不是也遇見這樣的問題呢？其實一個人的造型的確是給最心愛的人看的，這是無庸置疑，但是「她」或「他」對於形象的理解有多少，就值得玩味了。如果遇見上述這種固執的老公，你是否會堅持改變呢？

依照專家的建議，是要改變的！每個人的形象是要給多數人看的，不是給少數人看的。自己的形象配合年齡、身分、工作環境，當然有其必要性。

至於，哪種臉型適合哪種髮型？羽茜女士在這本書裡有很詳細的解說，提供給您參考：

- **鵝蛋臉**：適合中分頭、左右均衡的髮型，可以增加端莊的美感。圓形臉應該避免後掠式或是齊耳式的內捲髮。可以採取清柔的大波浪，將頭髮分層削剪，使兩側頭髮貼緊，使之蓋住臉頰；或將頭前部和頂部的頭髮吹高，給人以蓬鬆感。
- **方形臉**：要儘量用髮型縮小臉部的寬度，臉頰兩側頭髮要儘量垂直，以產生緊湊服貼感，使頭部的型態顯得清秀。
- **長方臉**：這樣的人額頭較高的話，可以把頭髮梳平一些，瀏海長些，齊眉或遮住眉毛，以減短臉型的長度。
- **菱形臉**：可以用蓬鬆的瀏海遮蓋住額頭，使得額角顯得寬一些，兩頰用垂直髮，兩腮邊要用大波浪的卷髮，讓尖削的下巴柔和一些。
- **心形臉**：不宜留短髮，前頂部的頭髮不宜吹高，要讓頭髮緊貼頭頂和太陽穴部位，以減小額角的寬度。

・**下寬上窄的臉形**：頭髮應該向左右兩側展開，以表現額部的寬度。

除了髮型本身以外，也可以善用配件，替自己加分。西方人和日本人很善於戴帽子，在不同的場合，適當的搭配，可以增加頭形美感。現代的時尚女性，其實也有很多人會用圍巾或是領巾來裝飾頭髮，特別是少數民族的服飾裡面的頭飾，都是裝扮的重點。用一條小的四方圍巾把頭髮纏起來，也是這些年許多女孩喜歡的打扮。

談到造型，也就必須強調梳子的重要性。出門時帶把梳子，可以整理隨時亂了的頭髮。明星和模特兒梳頭髮，多半是把頭向下仰，倒過來梳頭的。這樣子梳頭會使頭髮看來比較多比較蓬鬆。另外，也可以巧妙運用梳子，用刮的方式，讓頭髮看來像燙過了一樣。因此，梳子也是很重要的，設計和材質都必須要適合自己的頭髮。梳頭髮也是保養頭髮的一種，不只保養頭髮，也可按摩頭皮，對健康是很有幫助的。

髮型的變換如此重要，正如知名的形象魅力專家張曉梅所說，髮型的變換會比髮型本身更為重要，變換髮型是改變自身形象、精神面貌最直接的方式，也是塑造自身新形象的一個有效快捷的方式。頭髮不僅僅是美麗而已，「更是一種生命的象徵」，「也是一個生活品質的標識」。

如果您的髮色很重，倒是建議您可以試試不同顏色的染髮技術。髮色與膚色有關，如果您的膚色比較白皙，可以選擇金棕色、亞麻色、栗色和紅色等等，可以讓臉部看來明亮透明；但是如果您的膚色較深，那就可以試試看紅色和紫色。紅色系可以使得黯淡的皮膚光亮，紫色系則可以中和皮膚中的黃色調，讓膚色變得更明亮。如果是為了白髮太多，那當然是要染成黑色或是深棕色。

流行趨勢並不代表會適合自己，最好的方法還是找個專業的髮型設計師，好好溝通，然後再決定自己適合什麼樣子。千萬不要自作主張，一意孤行的結果很可能讓自己看來很喜歡的髮型，四周的人看來覺得很不搭調。

重點整理

- 髮型設計，以簡單容易整理為第一要項。其次要配合您的職務，更好的是要看來比實際年齡年輕。
- 人在心情好的時候，往往頭髮就會柔順服貼，相反的，心情不好的時候，頭髮就會像是雜草一樣。
- 換了髮型，心情隨之改變，這是千真萬確的事。
- 自己的形象配合年齡、身分、工作環境，是有其必要性的。不需要為了男／女朋友的喜好而堅持不適合自己的造型。
- 梳頭髮也是保養頭髮的一種。
- 變換髮型是改變自身形象、精神面貌的最直接方式，也是塑造自身新形象的一個有效快捷方式。

第三章
成為會穿衣服的女人！從掌握色彩、身型開始

簡單掌握時尚要點

東方的時尚多半是由日本流行過來的。而日本，主要又是由義大利和法國流行過來的，時尚，其實就是世界少數幾個設計師在領導流行而已。

您是否認為，只有明星或是有錢人才會去注意時尚？這其實是一種過去的想法了，如果有機會經過時尚名品店，您會發現現在有很多人，其實都願意花錢打點門面，認為弄點時髦的東西在手上也挺不錯的。

ＬＶ就是個典型的例子。前幾年我跟團到法國去旅行的時候，團員一進入巴黎有名的老佛爺百貨就慌了手腳，深怕找不到著名的ＬＶ或是卡地亞Cartier，於是即使是最沒有需要的人，也千方百計得弄兩個ＬＶ回家。這就好像三十年前我在瑞士機場，幾乎每個台灣客都得戴兩個勞力士Rolex回去，否則感覺就像空入寶山。

但是請記得，時尚是全面性的搭配，並非手上拿個ＬＶ包就是時尚女性。如果您提著個ＬＶ，腳上卻穿了雙運動鞋，看起來不僅很不搭，甚至還會被認為手上拿的是冒牌貨。相反的，如果您身上的穿著打扮都是相同風格的，相信給人的印象就大大不同了！要講究時尚，就得全部配套才行，從眼鏡、髮型、頭飾、服裝、配件、珠寶、鞋襪、甚至車子，這樣才是真時尚！當然，這樣的行頭要花不少錢，並不是每個人都有辦法做到的。

對一般人而言，就算無法全身是名牌，想要年輕漂亮不落伍，也是可以輕鬆達到的。首先請您注意一下流行的顏色，例如這些年是流行冷色系還是暖色系？流行長的還是短的？金的還是銀的？休閒的還是復古的？民族風是哪一類？不僅僅是搭配的髮型、服飾和配件，就連說話用詞都有時尚在裡頭。

追求時尚，卻也不能忽視工作場合的服裝要求。在上班的場合，通常對於員工的服裝，也會有一些規定。有一次我為世界著名的諾華大藥廠上服裝課程，不僅要示範，而且還要在所有課程結束以後，公佈以下的規定：

Novartis Taiwan Dress Code

男性同仁

- Business Attire：為星期一至星期四的穿著。成套的西裝上衣與長褲，內搭襯衫及有規則圖案的領帶，腳穿正式有鞋帶皮鞋。
- Smart Casual：為星期五的穿著。同色系但可不成套的外套與長褲，內搭襯衫、毛衣、線衫皆可，可不繫領帶。腳可穿有鞋帶的休閒鞋。
- Business Casual：為公司外部會議或是特別指定場合時的穿著。深色外套、Polo衫搭卡其褲，腳穿有鞋帶的休閒鞋。

女性同仁

Business Attire：為星期一至星期四的穿著。上衣以不暴露為原則，下搭及膝的裙子或長褲，腳穿包鞋。

Smart Casual/Business Casual：為星期五的穿著。原則上與Business Attire相同，但可著卡其褲與休閒鞋。外部會議時，應著深色外套或套裝。

通則

服裝儀容以乾淨整潔為主，不得有損專業形象。上班服飾及鞋子應隨時保持乾淨，若是需整燙的服飾，請務必整理得當。定期修整頭髮與指甲，並保持指甲的乾淨。男性同仁需定期修整鬍鬚，女性同仁上班時請著淡妝（最少要上口紅）。

最近我的形象管理學院也接到這樣的案子，把平常最不修邊幅的軟體硬體工程師來個形象大改造。我們幫他們訓練五個形象內部講師，並且把這些人改頭換面的樣子公佈出來，成為示範性的指標。這裡要說明的是，不論是中西，在上班時，不適合太講究時尚。時尚是屬於個人休閒生活所展示的喜好，不是工作中的需求與表態。

看到這裡，您或許會想，那麼多形形色色的時尚精品，到底都賣給誰呢？難道我不能時尚一點嗎？當然是可以的！您可以做局部的點綴或是修飾，讓自己不至於離開流行太遠。譬如說，今年秋天如果流行紫色系的羽毛飾品，就可以買個一兩件搭配一下；若是金屬鏈的包包很流行，您也不妨買個試試看，有一兩款新裝飾在原有的服飾上，就會有出人意表的喜悅。

著名的服裝專家陳麗卿女士強調男女有別，女性以穿著搭配和節制採購為重點，男性主要還是談成功穿著。二〇〇五年，嚴凱泰以嘉裕西服董事長的身分，正式宣告嘉裕取得喬治．亞曼尼（Giorgio Armani）的臺灣代理權。記者會上，有記者請教嚴凱泰「品牌」和「成功穿著」的關係。嚴凱泰動作略顯誇張地伸展手腳，他想證明剪裁很重要：好剪裁的西裝穿起來沒有拘束感，活動自如，又能彰顯特色。「重點不在穿什麼牌子」，嚴凱泰認為瞭解自己適合什麼品牌更重要，因為這樣「才能穿得舒服、穿出自己的味道。」

流行資訊變動迅速，許多人很容易模糊穿著的界線。服裝顧問朱麗安表示，較成熟的員工雖可藉名牌襯托年齡，但前提是「對品牌特色有充分認識，否則會顯得缺乏自信。」每個年輕人都可以藉助品牌時尚來打點自己，但是多數人對於時尚之風和品牌的故事毫無所悉，只知道花大錢把身上裝飾的好像聖誕樹，這事實上是很滑稽的。

用時尚來裝點自己的年輕，不是老而無用的東西，接受新潮但是不為新潮所驅使，是很有必要的。無論今天你的年紀有多大，記得心理和外表都要給人感覺你是年輕的象徵。電視和報紙上的宣傳、網路上的廣告介紹、年輕人所津津樂道的偶像人物，多多少少都去認識一些、吸收一些。相信您身邊所有的人，都會喜歡跟一個跟得上時代的人在一起，而瞭解時尚、裝點自我就是改變自我最好的契機。

下面將會說明，怎麼做才能符合真正的時尚。

色彩搭配學問大

色彩學與審美有關，也是一門專業。如果要在學校上課，必須完成四年的大學學分，才能完成使命。著名的美國形象顧問協會，每年在全世界舉辦三級個人形象顧問考試，初級鑒定的筆試就有大量與色彩相關的考題，該協會還提供幾本色彩相關的教材給全世界的顧問師參考：

- *Color with Style*, by Donna Fuji
- *The Triumph of Individual Style*, by Carla Mathis & Helen Villa Connor
- *Looking your Best: Color Makeup, and Style*, by Mary Spillane

這幾本都是研究色彩學的一時之選。

選衣服的顏色最簡單的方法，是要看自己的膚色。有的人膚色若雪，白裡透紅，當然穿什麼都很好看，就像著名的廣告辭：無論怎麼曬，都可以白回來。不過這樣的人有時候容易皮膚過敏，有很多化妝保養品都不能用。白色皮膚的人，中國人說是一白遮三醜，西方人卻喜歡去曬，曬成古銅色看起來才健康。

顏色基本分成春夏秋冬四季，其中春秋是暖色，夏冬是冷色。這樣子很容易記得，春天都是粉嫩的色彩，像是粉綠、粉紅，欣欣向榮的年輕搭配往往都是這種顏色，當然適合皮膚比較白的人穿著。夏天的色彩最簡單的是白色和藍色，想想看碧海藍天，那不是配合古銅色的夏日海灘皮膚嗎？秋天的是大自然的金黃和咖啡色彩，這種顏色穿在中國人的黃皮膚上，會讓你原有的皮膚顯得更加黑黃，所以除非你化妝的很巧妙，否則不容易有好的效果。最後的冬天，最典型就是黑色和灰色，也就是保護色和「懶人」的顏色。

如果你參考標準的色卡，還有一種中性色是介於冷色和暖色系之間的，這樣的淡藍、淡灰、淺咖啡等等的顏色，讓穿著的人有種輕鬆休閒的感覺，現在有很多設計師會採用綜合冷色和暖色的條紋式搭配，就是讓人們可以在不知如何是好的時候，可以選擇的。當然要記得：深色會使人看來比較瘦、淺色會讓人看來比較胖，所以你如果想要哪裡看來瘦些，在那裡選用深色或直條的色彩就對了。

在這裡還是要提醒一句，千萬不要看到自己喜歡的顏色就買很多這種顏色的衣服穿，結果不一定是對的。像是有很多很胖的女生還喜歡穿紅色，看來真是有點嚇人；相反的，有些瘦高的男士，還特別喜歡穿黑色，這也違反了色彩搭配的原則，總要挑選適合自己膚色的來穿，而不是自己喜歡的顏色。你可以用一塊布放在自己的頸部四周，與另一個色塊的布來比較，一直選到自己最適合的顏色為止，以後就記住自己是該買哪種顏色的衣服才對。

有一次我在台北的紅娘協會演講，講完之後前排的一位男士站起來問我：老師，你說的一切我都同意，但是就是沒有女人看上我！語罷，所有在座的女生都哄堂大笑。我看了看他說，如果我年輕十歲的話，也不會看上你！他反問我為什麼，我說你想想看，你穿一件紅色T恤衫，為什麼還要加一件紅色外套？他說，老師有所不知，現在的女人就喜歡我這火熱的心。大夥兒又是一陣大笑，我告訴他說，紅上加紅，豈不是要燒起來了。不要讓相同的色系重複在你身上。

還有，他的下半身穿了一條西褲，已經洗的泛白沒有中縫不說，而且很短可以看到襪子。坐下來的時候，又因為襪子很短，還會露出一截腿毛。他說那是因為沒有老婆，沒人幫著洗燙，久而久之就縮水了。再往下看，還能看到他穿絲襪，卻配了雙運動鞋，他還伸出來給我看說是名牌，眾女又是一陣狂笑：哪有人穿西褲卻配運動鞋的？這男子解釋說他是跑業務的，所以穿運動鞋可以跑的快一些！

我解釋給他聽，因為他的皮膚黑，經常在太陽下曝曬，所以不能戴著個大型金邊眼鏡，金色是暖系，配合皮膚白一點的人比較適合，他還這麼年輕應該選個無框的、或細框的、窄型的、銀色系列的眼鏡，這樣比較好看而又年輕。他說，金色是富有的象徵，有錢的人都是帶金邊的大框眼鏡，沒錢才戴銀質眼鏡。我跟他說時代不同了，現在很多鈦金屬的買起來比金子還貴，我還當場讓臨座的男士把眼鏡拿下來給他戴上試試看，結果所有女生一致誇讚！

瞧瞧！這就是太過自信的後果，總以為自己的喜好就是別人喜歡的模樣！經過這樣的折騰，這人肯定會改頭換面，那麼愛情肯定也會很快來到他的眼前。在我上課的過程中，這類型的案例多如牛毛，總是非常篤定的認為自己的打扮是對的。於是我就會用多數現場投票的方式來解決個人偏差的問題，特別是在色彩搭配和喜好上面多半都有錯誤的案例。

顏色代表了心情和喜好，我經常做的測驗顯示，男士們比較喜歡黑色和粉紅色；女士比較喜歡紅色和紫色。也許您不是這樣，但是大多數人會選這些顏色的原因是浪漫、神秘、熱情。這好像跟心情也很有關係，如果今天心情好，你一定會穿的亮一些，心情不好就黯淡一些。有一段很長的時間我的心情跌到谷底，後來還是因為偶爾翻翻自己的櫃子，發現除了黑白以外，什麼衣服都沒有，這才決定從此告別灰暗的時代。一旦你把衣櫥重新調整色系，會發現自己的心情截然不同！

無論如何，當您出門的時候，身上的顏色不要超過三個，這一點是要牢記的。如果您很專業懂得搭配，那麼就可以使用更進階的方式來運用色環，例如：

- **同色系層次搭配法：**藉由同一個顏色的深淺色來作層次上的變化，這種色彩搭配給人中規中矩、專業信賴的感覺，適合上班開會的正式打扮。
- **相似色的搭配法：**以色相環中相鄰的顏色來做搭配。此種色彩搭配給人協調柔和、平易近人的感覺，特別適合從事業務、保險業、公關業的人員穿著，無形中會讓人很想親近你。
- **直接互補：**以色相環中兩種直接對立的顏色來做搭配，形成最強烈的色彩對比，這種搭配法最適合運用在宴會場合或是戶外運動時。
- **分叉互補：**選擇一個顏色和它的直接對比色兩旁的顏色，這樣的對比不容易出錯，常可見科技界人士穿著藍色襯衫搭配黃色領帶，正是分叉互補最好的例子。

或者，您可以多運用中性色系的衣服，類似「大地」的顏色，例如：咖啡色、墨綠色、白色、黑色、灰色等等，這些色彩與其他色彩的搭配性最強，最實用、最安全、也不容易出錯！

領口很重要！

大部份人坐著的時間比站的時間長，所以領口四周的臉部經常被人看到，這個部分的設計絕對是服裝的關鍵。請仔細看看您在鏡子面前的樣子：當您的眼睛平視正前方時，頸子是屬於長脖子呢還是短脖子呢？如果是長頸鹿型的高脖子，那就請不要再穿V字領，如果頸子很短，那就不要穿高領吧！

衣服的領型設計其實花樣變化很多，男士們因為有個喉結，通常看來頸子比較長，也因此穿上襯衫或套頭毛衣特別好看。相對的，女性如果個子矮小，脖子又很短，那麼裝上高領衣服，看起來就好像是個圓滾滾的口袋，視覺效果不好。一般說起來，各種不同臉型的人，對於不同的領型也該有些講究，例如：

- **瓜子臉：**可以穿一字領和圓領、方領
- **心型臉：**可以穿V字型領和船型領
- **梨型臉：**可以穿V字型領或方形領
- **國字臉：**可以穿船型領或U型領
- **長型臉：**可以穿一字領、船型領、或是方領

・**菱形臉：**可以穿圓形臉或U型領

・**圓形臉：**可以穿V字領或一字領

現在有很多衣領設計的很花俏，例如不規則型或是有花邊，這時候就要注意焦點是不是全都被這個領子給吸引住了。衣領的大小在買衣服的時候往往沒有注意到，如果沒有試穿，往往回到家裡一穿，才發現衣服的領口不是太小，頭套不進去，就是領口太大，內衣容易露出來，東遮西掩的也很不自在。

這些年來，世界主要媒體的播報員，千篇一律的裝束就是單色套裝和裡面的內搭，這樣的領口就會呈現大V字型加上一字型的感覺，看來比較有權威和專業性。如果播報員上台穿著圓領或是船型領，那休閒的意味就比較重了。所以如果上班，多數人還是維持V字領和襯衫的搭配原則較好。

領口如果狹窄或是太高，不僅穿脫不容易，還很容易弄髒。特別是女士化妝以後，如果衣領太小，往往會在衣領上留下部分化妝的痕跡。因此如果是領口很難穿脫的衣服，可能需要先穿好衣服再化妝。還有，只要穿上一次，這件衣服哪裡也沒髒，就只有領子髒，這也很麻煩，因為領口很難洗乾淨，這些是在購買時要注意的。

很多男士在上我的課程時候，都會問該穿什麼領子？基本上，男人們方形臉和長型臉居多，所以圓領衫對男士都很適合，只不過領口的大小要注意一下，如果開口太大看起來往往印象不好。

每一年我出國去開會，國際會議的首日宴請多半會要求穿國服或是正式禮服，因此我就預備了不少旗袍應景，有長到腳踝上的，也有半長及膝的，薄絲質的，或是很厚的絲絨都有。無論是長袖、半長袖或者是削肩無袖，大夥兒只要一穿上旗袍，都會給人儀態萬千的感覺。殊不知旗袍這玩意兒，領口是個大麻煩，還不是身材的問題，穿不習慣的人，不一會兒會透不過氣來。

早先的旗袍，正規的製作，領口是很高的，幾乎是勒著脖子的。時至今日，改良款式的旗袍就沒那些規矩，領口多半是一扣上就可以過關。不過，初次穿著的女生，恐怕還是會嫌不舒服。我有幾件這樣旗袍領的中國裝，其實穿起來挺有韻味的，尤其是外國人多的場合，如果能夠有幾件純中國式的旗袍領服裝，在眾人之間總是顯得很出色。有很多時候晚上要出門去應酬，想不出來該穿什麼的時候，穿件唐裝也是有點鶴立雞群的味道。特別是很多男士們，穿上中國的唐裝或是棉襖，在參加宴會的場合，都是挺不錯的選擇。

提到男士的襯衫領口設計，那就有不少花樣和要注意的地方了。襯衫領口的設計是個關鍵，早年襯衫領流行的是方領，現在流行的是八字大翻領，這是最考究的領子，搭配雙排扣西服更是好看。據說穿著大翻領能夠突出水準線條，有效地調節過長的垂線，並且特別強調領子和袖口與外衣，形成強烈的明暗對比。

傳統襯衫領是扣鈕扣的襯衫領，略有些名牌大學生的氣質。這種襯衫雖然不適合於特別正式的場合，但是日常在辦公室中穿著效果非常好，因此人們現在普遍選擇這種領子的襯衫。

仔細考察一下男士的襯衫領，大約有七、八種之多，分別是：寬領、低領、針孔領、小翻領、普通領、鈕扣領、牧師領、輔助領等。形象設計的要求是不要重複原有的形象，也就是圓臉不要配圓領，要配尖領；長臉不要配尖領，要配普通領，否則顯得臉更長；長頸配低領、短頸配高領的話都會自曝其短。所以男士在穿衣之前，請好好看看自己的臉型與頸長。

此外，襯衫領當然主要還是要搭配領帶的，各種不同的設計都有不同的搭配方法。例如，暗扣領就要配上比較緊密的小結、傳統保守的領帶，不能過於鬆散。至於比較流行的「溫莎」領或「法式」領，俗稱敞角領，是一種浪漫型左右領子的角度在120度和180度之間的領子，與此相配的領帶領結稱「溫莎領帶」，特色是領結寬闊。另外，追求自然的是鈕扣領，典型的美國風格，隨意自然，舒適便捷。多用於休閒格的襯衫上，如牛仔襯衫，多以方格花紋或波爾卡圓點圖案為主。

男士的襯衫領很容易弄髒，洗滌的時候也不太容易處理，如果沒有專業的洗染店，衣服的襯衫領就會顯現出黃色或黑色的油漬、或是風塵僕僕的灰衣領。襯衫衣領通常是由幾層材料粘合縫製而成。縫合的針線必須細而密，靠近邊緣的縫線一定是距離一致。衣領在經過多次洗滌之後依然能保持良好的形態，不起皺，不起泡。劣質的襯衫，通常在洗滌一兩次之後就會暴露出來。

如何用穿著改變身材比例

提到身材比例，很少有人會滿意，即使是模特兒也一樣，必須勤加鍛鍊，否則就不能在舞臺上展示。其實三圍與人的鍛鍊固然有關，主要還是天生的基因控制了身材的比例，有些時候即使是「喝水也會胖」的人，再花多少功夫也只能把贅肉消除，卻沒辦法把身材比例變得更好。

請站在大鏡子面前，手插腰，看看自己，腰以上和腰以下的比例是多少呢？東方人的比例通常是四六之比，也就是上半身占了百分之四十，下半身占了百分之六十。可是名模的好身材，卻是三七之比，也就是上半身占的比例是百分之三十，下半身占的是百分之七十。還有腿更長、腰更高的名模是二八之比，也就是上半身只有百分之二十，下半身卻有百分之八十。

下半身比例高的人，看起來會比較好看，了解了這點以後，我們就可以利用著裝的方式，改變他人的視覺焦點，讓人感覺你是高高瘦瘦的。如何能讓人們的視覺改觀呢？首先要知道，人的視覺是落在身體的切線上面，比方說衣服領子、袖長、褲長或是上衣的長度等等。這也是服裝設計師厲害的地方，他們可以用剪裁的線條改變視覺的觀點，讓比較矮的人看起來變高，或是比較胖的人變瘦。

舉個例子來說，如果您的上半身衣長能夠變短一些，下半身自然會變的長一些；所以矮個子的人，就千萬不要穿上長外套，請穿上短外套，看起來會高一些。相反的，如果你的個子很高挑了，那麼不妨穿上較長的外衣或者及腰的外套，這樣會顯得視覺效果比較協調。外套是很好運用的工具，可以用來改變人們的視覺，因此，不妨多預備幾件適合的外套，不同的款式、顏色、領口，可以在不同的場合派上用場。

外套還有一個好處，就是可以隱藏小腹，這是因為外套通常都有墊肩。墊肩又可以分為大墊肩、中墊肩和小墊肩。如果整天坐著不動，不到半年肯定會長出個小腹出來，脂肪囤積在肚臍的四周很難散去。這時候如果穿著有墊肩的外套，有助於轉移焦點。

男士們的西服製作的時候，理想的尺寸是上衣長度，大約在站立手垂下時候的大拇指位置，而寬度就正好是拳頭恰好能夠放進去身體裡面，也就是西服和肚子之間正好能塞進你的拳頭最為適合。女士衣服的合身度，則是以身體兩邊寬度能夠保留一公分為原則，換句話說，穿上衣服之後，請在兩邊從胸圍、腰圍和臀圍都拉拉看，如果都還有一公分左右的寬度餘地，這就是理想的合身衣服了。許多現代女性買了衣服之後，整天說自己該減肥了，事實上是因為衣服買的不合身；恰好合身的尺寸，必須兩側還有寬約一公分才對。如果都恰好完全貼身，那就表示你一點也不能動彈，否則只要一動，就會顯得太胖了！

有了墊肩會使得人們的視覺焦點放在你的上半身，如果你的外套有額外的剪裁，可以更加修飾身形。同樣的理論可以用在褲子上：許多年輕女士喜歡穿低腰的垮褲，但請注意自己的腿是否夠修長？如果短腿再加上垮褲，那真是自曝其短了！褲型的設計也非常重要，不僅是長短要能合適自己的身材，腰部的設計也是個關鍵。如果是身材比較瘦削型的，可以在褲腰處打折痕，相反的如果身材豐腴，當然就不能這樣設計了。

利用打折來增加視覺上的寬度是很好運用的，就像前面說的墊肩效果一樣。譬如說，菲律賓人的女士晚禮服，肩部設計是很誇張的墊高，這也可以讓人感覺她們高貴典雅但又熱情洋溢的個性。折痕用在腰部會讓細腰看來豐滿一些，用在領口會使胸部寬闊一些，用在肩部或手腕也可以點綴出這個部分的豐腴度。有很多年輕女生會嫌自己的的胸部不夠大，這時候使用縲絲裝飾胸口或用百折的方式設計領口，都有擴胸的效果。

除此之外，布料的使用跟身材也有很大的關係。一些垂墜感比較明顯的質料例如絲質、尼龍、針織衫等等，比較適合身材好的人穿著，而如果是比較渾圓的身材，天然質料的棉、毛、麻等，都是很好搭配的料子，但是怎樣搭配才算合宜，就要靠自己的巧思了。

前面所提的顏色，對視覺效果也有很大的影響力。色彩學不是很容易理解的學科，但只要隨便拿張團體照看看，如果沒有自己的話（一般人都會先看自己），不認識也好、認識也好，我們最先看到的肯定是穿紅色和黃色衣服的人；其次就是穿全白色衣服的人，這就是人本能的視覺反應，紅色和黃色最閃亮最耀眼。穿著紅色和黃色都會有擴大視覺的效應，也就是說，如果您要吸引人注意，這兩種顏色是最顯眼的。紫色也很特別，不過並不適用於各式各樣的場合。如果您哪裡想要胖一點，那裡用黃色或白色肯定就有擴大的感覺，比方說您如果比較瘦，穿一條黃色碎花百折裙，就是輕快美麗；相反的，如果您的下半身已經開始發福了，那就趕快用一片裙或是A字裙來掩飾一下，顏色如果是深藍或黑色，效果就更好了。

運用對比色來打點自己，是很好的招數，比方說上半身是淺綠，下半身是深綠，這就很不錯了。不過根據色彩學的運用，身上所有的顏色不要超過三個，否則就好像是聖誕樹，讓人感覺眼花撩亂而沒有焦點。當然對於身材的遮掩色彩，也不一定非用黑白灰這種保守而無感覺的顏色才行。大膽採用比較亮麗的色彩，可以創造「新鮮度」和「積極性」的印象。

重點整理

- 時尚是全面性的搭配，並非手上拿個ＬＶ包就是時尚的。
- 您可以做局部的點綴或是修飾，讓自己不至於離開流行太遠。
- 上班族穿著男、女有別，女性以穿著搭配和節制採購為重點，男性主要還是談成功穿著。
- 色彩學與審美有關，是一門專門的學問。
- 顏色基本分成春夏秋冬四季，其中春秋是暖色，夏冬是冷色。
- 千萬不要看到自己喜歡的顏色就買很多這種顏色的衣服穿，結果不一定是對的。
- 可以利用著裝的方法，改變人們的視覺焦點。
- 運用對比色來打點自己是很好的招數。

第四章
用小配件幫自己大加分

基本守則一：怎麼選擇眼鏡和手錶？

男士們出門怎麼打扮？恐怕至少有一半的中年人，從來就沒想到過。但如果問問大學生，他們會說要選擇一個酷的髮型，還要配副合適的眼鏡。的確是如此。無論男女，剛出社會的時候，首先學的是「要穿什麼」，後來，就學著「該抹什麼」，然後呢，就學習「該戴什麼」。這個「戴」，就包含了身上的所有配件，例如眼鏡、手錶、戒指、項鍊、領巾、領帶、腰帶、圍巾、鞋子、襪子、還有包包等等。

單單是研究配件，說個三天三夜都講不完。看一個人身上的配件，往往可以看出他的品味。不過，身上的配件，白天最好不要超過三件，有了眼鏡手錶，就只能再戴一條領帶或圍巾，否則會顯得繁複。

眼鏡，不僅是戴著用來矯正視力的，對現代人而言更是一種裝飾品，也算是身分地位的象徵。許多人因為視力的需要必須經常配戴眼鏡，對於這個「第一線」的配件，可得好好研究。

選擇眼鏡有三個關鍵要素：**形狀、材質和顏色**，這裡面，就屬形狀最重要。前面幾章都有提到，「方的要配圓的；圓的要配方的」。換句話說，到了眼鏡行，可別先急著問價錢，更要緊的是看看鏡子裡面的你，臉型到底是方的或是圓的？如果是圓的，最好配個方形的眼鏡；如果是方的，最好配個圓形眼鏡。

如果您的臉不大，就不要配副特大的眼鏡框，以免整個臉都被遮住只剩下一半，不妨選個時尚的無框、細長眼鏡，顯得斯文又瀟灑。我時常看見很多年齡其實不過四、五十歲的中年人，戴著一幅又大、又金的四方眼鏡，看上去不自覺的就老了好多歲。

其次，眼鏡的框架材質很重要。前面說過，金框大眼鏡看來沉重老氣，為什麼呢？因為金色屬於暖色，適合皮膚白的人配戴。亞洲人的黃皮膚，戴著個金色眼鏡，雖然看來很貴氣，但是相對的也添增幾分俗氣。倒不如選擇個銀色的鏡框，銀色屬於冷色，就會有那種調和的作用。

除了染色的鏡片有很多顏色可以選擇以外，太陽眼鏡也有很多顏色可以選擇。我從前最喜歡戴著酷似貓眼的黑邊眼鏡，或是鑲著白框的黑色鏡片眼鏡，在海灘上，讓人一看視線就捨不得離開你。這也是眼鏡吸引人的地方，每年都可以去看看品牌不同的太陽眼鏡行，到底推出什麼樣流行的眼鏡。

不同顏色的眼鏡，適合不同色系的衣服：藍色和茶色通常是首選，最容易配衣服。也有人戴著紅色框的眼鏡，那您的打扮必須很時尚，否則這幅眼鏡肯定會搶走身上其他配飾的目光。另外，黑色框框的眼鏡會使人看來肅穆沉重，除非是有特別原因，還是建議您別選擇這麼保守的顏色。

如果您想配一副高貴的眼鏡，可以選用鈦金屬或者是玳瑁這類昂貴材質來搭配。我曾經搭乘過協和式超音速噴射機（Concorde），從倫敦到紐約的途中，看到臨座的夫人，眼鏡框上鑲滿了鑽石，這才是真有錢，光是這幅眼鏡，恐怕夠我們買好幾部豪華轎車和別墅了！可見飾品花樣繁多，可別小看了它。

另一件容易被忽略的配件就是手錶。手錶，在以前的功能不過是個計時器，然而現代社會大家都有手機看時間，反而很多人根本不戴手錶了。那麼，手錶店的生意怎麼會還是那麼好呢？自然是因為有些人需要用來看看時間以外的東西！

戴手錶除了講究品牌，基本常識是要知道形狀和材質，必須搭配自己的膚色和屬性。前面說過，如果你的皮膚黝黑泛黃，那就是屬於典型的健康色系，應該搭配銀色的手錶。如果長相斯文白皙，那不妨配個金色的表面，使你看來非常的貴氣。男性的手錶多半偏大，女士的錶面小一些，但無論如何，起碼必須要能辨別出到底現在是幾點鐘才行。運動錶就沒有這些問題了，這類年輕人的手錶首要關鍵在於功能：游泳、登山、潛水、騎馬，防水、防震、防塵，各式各樣的精美手錶都有。

夏天的時候，手錶會露在衣服的外面，所以必須注意搭配的問題。如果出門時穿著藍色的衣服，結果戴著個紅色的手錶，看起來會很不協調，倒不如不要戴好些。如果真的要講究，那就得去買些不同顏色的手錶，再不然還可以買那種可以換錶帶顏色的手錶，每次穿不同顏色的衣服，就戴不同的色系的錶帶。

搭配時，一定要有整體搭配的原則。例如：耳環是金質的色系，那就戴金質色系的手錶，千萬不要戒指是金的，手錶是銀的，看來好像是開五金店的，那可就俗氣的不得了。有些手錶為了解決這種搭配的難題，就用「金銀配」的錶帶，也就是有金有銀，以便穿戴講究的人容易搭配。當然，如果用珍珠或者鑽石作為錶帶的話，那就無所謂金銀配。

學會形象學的原理，以及色彩的搭配原則，在挑選眼鏡和手錶之類的配件時，就可以用有限的預算，顯出自己的品味和質感，更能在個性化趨勢的先鋒上，拔得頭籌。相反的，如果只是胡亂買些穿戴一身，那麼即使是珠光寶氣，也會給人俗不可耐的感覺。

如何能夠買的少，但是買的好呢？當然是建議在出門以前、鈔票送出去以前，先好好計劃性購物，不要心血來潮，或者是在店家慫恿之下，一時興起就買了。這樣的話，回去仔細搭配之下，就會發現很多東西都是「雞肋」：棄之可惜，留之無味；再不然，可能會認為怎麼看著都不順眼，戴一次、嫌一次，那也是受罪。

接下來我們要談的是脖子上的東西——領帶與絲巾。

基本守則二：如何搭配領帶與絲巾？

有時候，我很羨慕男士們可以不必像女人那樣麻煩，出門前還得花心思打扮化妝。男士們只要來件襯衫，配上條合適的領帶就足夠。每天看電視新聞，我總會對世界上的名人如何搭配領帶，研究半天；特別是那些一天要跑好多場合的男士們，如何事前想好自己該搭配哪條領帶？

我曾經採訪過領帶製造業者，粗略的懂得製造領帶的方法。也才會明白為什麼領帶要那麼貴。不就是一小塊布嗎？其實不是！製作領帶需要的斜切剪裁法，與一般人想像的製作衣服方法略有不同，它需要很長幅一塊布，只能利用中間那一條，其餘都得剪掉，其實還挺可惜的——尤其是那些高貴質料的領帶。

選擇領帶有很多因素，首先當然考慮的是運用的場合：喜事、喪事、還是開會、上班、休閒都有不同的顏色可以供選擇。即使是喜慶場合的紅領帶，也有各種不同的紅可以選，更何況還有藍色，咖啡色等等，光是素色的領帶，男士們就得預備好幾條，以便不同的場合可以使用。

辦公室裡隨時準備一條紅色和一條藍色的領帶是有必要的，即使今天沒有什麼安排，有備無患總是對的。紅色是給喜事打的，藍色是給正式的場合像是有重要客戶或是開會時候用的。領帶是用來配場合的，但也必須配合服裝的顏色。多半男士的西服是深色居多，所以選擇一條好看的藍色領帶是必須的。

無論如何搭配，千萬不要忘記：有規則圖案的領帶（包含素色領帶在內）是用來穿戴在正式場合的。辦公室、接待重要客戶、面見主管和開會都是正式場合，不可以馬馬虎虎。此外，沒有規則的圖案，像是卡通的、繪畫的、草履蟲的、還有畢卡索的等等，這些都是屬於非正式場合的休閒領帶。

如果我要送男士領帶的話，我通常會選擇黃色的領帶。黃色是傳光最遠的色彩，也是最容易受到注意的顏色，所以圖案中如果有黃色的領帶，無論是有黃花，黃點，或是黃色系的圖案都是值得推薦的領帶。這樣的領帶無論配哪種顏色的衣服都很不錯。

許多男士回家，都直接把領帶往架子上一掛就了事，這可就害了那條領帶。領帶多半是用絲綢或是軟布料製作的，所以很重視垂墜感。如果掛上衣架，領帶很容易變形，沒多久這條領帶就變得很沒有型，這樣買多少條領帶都不夠的。領帶打完回家必須解開，然後盤起來，像一條蛇一樣平放在櫃子裡面；再不然就是要有個領帶盒專門裝，這樣才能用的長久。

有了領帶之後，要怎樣打才對呢？首先要站在一個看得見全身的鏡子前，眼睛平視正前方，開始專心打領帶。打領帶有各種結的打法：平結，是美國人經常打的小結，比較不正式；耶斯凱結，是比較中庸的打法；溫莎結，比較大有豪放不羈的感覺；蝴蝶結，是正式場合不得不有的領結。

打好以後，要注意一下。首先，這個結有沒有在正中央，是歪的還是正的？必須好好調一下。其次，請看一下長度（請不要低下頭看，否則不準確）：正確的領帶位置應該是，領帶的尖處的三角型，正好可以蓋住男士腰帶的中間扣環。如果打的太短必須重打，否則會給別人很輕率、傻氣的感覺；如果過長，又讓人覺得這個人太過保守、不乾脆、做事不俐落。

女士的絲巾或是圍巾，那可就是變化萬千了！最近我在銀行講課，行員拿出她們的制服給我看，女生的西裝裡面有個敞領的襯衫，還有一條蘋果綠、參雜金黃色的四方領巾，實在漂亮。只可惜，大家都不會打這條圍巾，綁在她們脖子裡，看來是個累贅！

我拿著這條方巾，示範了五種不同的打法：可以把尖型朝前面放下，就好像是個小布兜一樣；可以在前面正下方靠近腰處打個結；也可以先捲一下，在脖子一側打個美麗的蝴蝶結，好像空中小姐；還可以在正前方頸部打個大花結；最後，還可以用戒指或領結環把兩邊往中間一套，也很好看。我告訴她們說，每天換不同花樣，還可以變化心情。相信客戶看到她們美麗的倩影，上班時候的埋怨會少很多，讚美會取代了投訴。

這就是「小小的變化，帶來大大的不一樣」！這樣的小絲巾還可以在頭髮上綁個馬尾，或者做成髮箍，也是個有趣的變化，只要有條小絲巾。一整天都可以為了它而快樂無比。不過，這條絲巾是公司發的，平時要怎麼選擇可以用的絲巾呢？

答案其實很簡單，如果有剪下來的布邊，車縫一下就可以用了，但質料要選擇柔軟有色澤的，會比較好搭配。最好用的是方巾，但是不要太大，否則如果個子不大，打起來會很不好看。

如果自己去買的話，首先就要看看自己的衣服多半是哪些顏色？你可以到自己的衣櫃裡面去找一下，分類看看到底哪種顏色的衣服最多，選出三種最多顏色的上身，然後就知道該怎麼搭配才是最好的！例如，喜歡紅色的衣服，就選相近的色系來搭配，這樣最簡單。如果你的眼光獨到，還可以把包包和鞋子做個整體的搭配效應，自然更加合適。

除了絲巾以外，冬天不可缺少的配件，就是圍巾了。圍巾不僅是好看的配件，也是保暖的必需品。圍巾多半是長型，個子矮的人要轉兩圈才能把圍巾給圍上。仔細想想，那看起來不是像個大狗熊？其實，冬天衣服本來就夠厚，如果再圍上厚厚一條大圍巾，整個人就不能動彈，這樣怎麼看都不覺得妥當。所以，無論自己織圍巾或買圍巾，都要先試試看這條長圍巾，到底適不適合自己的身材尺寸。如果是去店鋪裡頭買圍巾，別只看顏色喜不喜歡，還得先試試看長短。太長的話，即使是再好看，戴著也會很累贅。

有了圍巾之後，就要學會怎樣打才好看，最好能夠學會簡單的幾種花樣，做出不同的變化。最簡單的打法，是先把圍巾對折，然後抓起兩邊向前套，把它穿在前面。這種方式簡單實用，而且脖子暖和，看來也不老氣。或者，可以把圍巾先套一圈在頸部，然後剩下的放在身體兩邊或打個簡單的結在胸前。特別容易的另一個法子是，一邊垂下在胸前，另一邊在身後，這樣也很率性。

最後，圍巾最好能與帽子相匹配。我喜歡戴紅白相間的帽子，再配上紅色或是乳白色的圍巾，這樣看來就自然會很年輕有活力。在顏色的選擇上，不妨嘗試亮色系的，畢竟冬天的衣服很多都是深色系的，可以做為一個亮眼的點綴。

基本守則三：如何挑選鞋子？

家母在世的時候時常跟我說，腳上沒雙鞋，身上短半截。我在北京的工作夥伴王金嶺先生是個攝影專家，每次看我旅行回來的照片都會直搖頭的說：腳沒了。

很多人照相都少了那截腳，為什麼呢？其實是鞋子不好看。身上儘管穿的美，往下一看，媽呀！這是哪來的鞋？馬上給你的形象扣了好幾分。

所以，我只要出門去旅行，或者參加國際會議，第一件事情就是考慮穿什麼鞋子？而不是穿什麼衣服！先整理有哪些鞋子，再往上配衣服。然後再配什麼髮型，再打理首飾，最後再化妝配上色彩，這才是正確的準備出門的方法。如果只是有了整櫃子的好衣服，結果沒有雙好鞋可以搭配，一切等於零。

買衣服很容易，買鞋可就難了。如果挑衣服要花一個小時的話，挑鞋子得花上三小時。倒不是價錢的原因，是因為鞋子必須配合衣服：樣式、顏色、尺寸、品質都不容易拿捏。而且買錯了一雙鞋的話，這雙鞋基本上就算廢了。給誰也都不能穿，這跟舊衣服不一樣：至少你不喜歡，還可以送給別人。

從年輕到年老我都知道，買鞋要靠運氣。如果今天想要買雙黑鞋，等到了鞋店東看西看，但就是挑不到一雙滿意的。所以我的買鞋原則是，一定不等需要的時候才買，而是先想好自己所需要的是哪種樣式和顏色的鞋子，有空逛街一旦看到合適的，就立刻決定買，否則等需要才去買，就會急的跳腳。正因為買鞋需要靠運氣，不能吝嗇，畢竟一雙鞋子可以穿的時效比較久，而且不容易很快退流行。

說起流行，還記得前些年很流行的尖頭巫婆鞋嗎？我也有一雙花色豔麗的巫婆鞋，穿起來配任何衣服都挺好看，可就是一個問題，太尖了！這種尖頭的鞋子在形象學上會給人一種不容易溝通的感覺——老是要刺人家——所以女人穿這種鞋，就會讓別人認為是具有侵略性和攻擊性。除非是休閒時候，一般進出辦公室，請避免穿這種鞋子。

買鞋必須下午去買，因為下午容易腳漲，上午買的鞋子，到了下午就會感覺緊了一些。基本上，我都會買比平常合適還要大一號的鞋子，這樣剛穿的時候，就不會感覺澀澀的、緊緊的，鞋子打腳，走起路來可是不舒服的。此外，由於我經常的工作是講學，而且每次都要站六小時以上，所以我買的鞋子都是半高跟的鞋子。

西方人認為穿衣服必須三點不露：肩膀、膝蓋和腳趾，他們認為這些地方裸露會有無端吸引人的感覺，也就是有挑逗的意味在內，所以看西洋電影的情節裡面，有不少是女人用腳指勾衣服給男人的。也就是因為這一層意思，很多外商公司不喜歡女職員穿著露腳指頭的鞋子，認為這是不登大雅之堂。事實上，露腳趾的涼鞋配上正式的服裝也實在不很好看。我經常把一些公開場合所照的相片拿出來看，發現女士們穿著美麗的小禮服，但是腳底下卻穿著一雙近似拖鞋的鞋子。簡直是匪夷所思。既然有錢買這麼好看的衣服，難道就沒有錢買雙合適的鞋子嗎？

男士們的鞋子可就沒有那麼多的選擇了。依照禮儀的規定，穿上有鞋帶的鞋子才算正式，上班和會議都該穿上有鞋帶的鞋子。然而，多數男士們都不知道這一點，所以經常穿著沒有鞋帶的休閒鞋就出來上班了。更糟糕的是，有些年輕人根本就穿著運動球鞋來上班，完全沒有正式上班的感覺。如果你著運動球鞋，就該穿著運動衫褲，戴上運動帽，配上運動襪，這樣才是合宜的搭配。因此，若是上班的場合，還是需要到鞋店買雙規規矩矩的鞋——黑色、咖啡色或是土黃色——都是比較能搭配男士衣服的鞋子。至於尖頭的、方頭的、或圓頭，就看個人的喜好了。

男士的鞋子，如果是全真皮的，需要定期保養；至於哪種鞋子要用哪種鞋油，則需要花點功夫研究。好的鞋子如果不勤加保養，那可真就是糟蹋了。好好一雙皮鞋，只要是下雨沾了水一兩次，就會變形走樣，將來怎麼穿著都不好看。如果真的很懶得保養，可以直接帶去專門的保養店，可別因小失大。

在服裝上，鞋襪屬於褲子裙子的一部分。西方人認為，沒有穿鞋子和襪子就等於沒有穿褲子，因此對他們而言，穿了鞋子卻不穿襪子實在很奇怪，穿著不同顏色的鞋子和襪子，看來更是像小丑一樣滑稽。西方人認為襪子就是褲子的一部分。所以男士們所穿的襪子顏色必須和褲子的顏色相當，不能任意搞個自己喜歡的顏色，甚至還有個小兔子標誌什麼的，那是很不恰當的裝配。

女士們如果認為自己的小腿略粗，可以穿黑色的絲襪來掩蓋。我個人特別喜歡小腿邊上有珠飾或是鑽飾的黑色絲襪，既神秘又能顯出自己的個人化風格。退求其次，可以買些膚色的襪子，顏色深些比較好，穿起來看著會苗條一些。不過也要能夠配合你的鞋子，不能有過大的反差。

著名的形象設計師英格麗張（Ingrid Zhang），在她的著作《你的形象價值百萬》中，舉了很多西方的例子，她特別引用華爾街的俗語說：永遠不要相信一個穿著破皮鞋和不擦皮鞋的人，穿破皮鞋只有兩種可能：第一，他買不起新鞋，那就不是個成功的銷售員；第二，他捨不得買新鞋，那麼，他一定是個吝嗇金錢的人。她說：閃亮、優質的鞋子，彷彿意味著傑出、優秀、可信的品格和人格；不要幻想別人會忽視你的腳下，每日都應該保持擦皮鞋的習慣。

是的，千里之行，始於足下。我們怎能忽略這麼重要的角色呢！每天出門之前，除了把身上穿的衣服打理好，也切記要把下半身當一回事。檢查一下鞋子，不要太花、也不要有很多金屬扣環的鞋子。檢查一下襪子，是否太短、顏色不搭調、或甚至是破洞的，這些都不是成功人士該有的穿著。

進階：我需要戴首飾嗎？

有很多行業上班是不適合配戴任何首飾的，譬如部分金融業，就規定不可以戴首飾；有很多案例顯示，配戴首飾看起來容易雜亂無章，而且工作上會不俐落，因此會嚴格執行，不許員工配戴首飾。首飾現在不一定是女士的專利，男士們也有很多更新奇有趣的首飾。

有關首飾的定義，多數人直覺認為是戒指、胸針、手鍊、耳環和項鍊，其實還有髮飾。髮飾有的也很接近首飾，是頭上戴的裝飾品，也是首飾的一種。依照形象學的觀點，白天的上半身配件不可以超過三件，已經有眼鏡和手錶為配件，最多只能再搭配一件，如果再多，看起來就像是琳琅滿目的五金店。

如果有戴耳環，在辦公室裡的女性會顯得比較專業，並且具有可信度，看來成熟穩重；相對的，如果沒有戴耳環，青澀的臉上又沒有化妝，看來真的好像做事沒有把握的樣子。可惜很多女孩子大學畢業之後，沒有人指導她們，自己又不懂得學習這方面的知識，所以在辦公室裡面常受到莫名其妙的歧視。這其實都是源自自己的不懂事，沒有任何準備和特色，人家當然不會重用你。也有的人恰如其反，每天把自己打扮的像花蝴蝶似的，這也是過了頭，不像是來上班的，反而像是表演做秀的。不自覺自重，這也是個麻煩。因此，在裝扮上，必須恰如其分，讓大家看到你的長處，而不是看著你的短處，這樣才能保持良好的形象。

戴耳環是可以加分的，但是要怎麼戴耳環才對呢？首先看臉型。前面多次提過，如果是圓臉就不要戴圓的耳環，否則就會顯得自己的臉型更圓了，您可以選擇長的、菱形的、甚至是方的耳環，這樣比較能感覺出自己的特色。如果您已經是長髮披肩，那就不要用垂墜感很重的耳環吧！那可能會適得其反的。

此外，必須注意，耳環的大小，不要超過您的眼睛大小。換句話說，除非是需要別人遠距離看到妳，像是舞臺工作者，否則沒必要讓耳環搶了妳臉上的光彩。

前面提到的金、銀配，在這裡也是適用的。如果您的膚色是暖色，就應該選擇一些銀色的首飾比較好；相對的，如果您的皮膚很白，就可以用金色來襯托妳白雪公主一般的氣質。如果您喜歡配戴金飾，請記得先化妝，修飾一下自己的膚色，這樣佩掛金飾才不會顯得十分庸俗。

現在有很多年輕人喜歡配戴手環或是手鍊，雖然看起來很流行前衛，但如果是上班，那除非是在公關行業、廣告、新聞、影視等行業，其它行業的人可能就沒有興趣看到這種裝扮了。除此以外，戴了手環或鏈子之後，工作的時候就很不方便了，特別是很多來來去去的工作，如果有這些手上的東西，勾勾碰碰的，總是給人一種不太實際的感覺。我有一種一套七種顏色的手環，每次上課就會戴著，那是因為在我用手勢的時候，可以增加四周人對我臉部四周的動感和興趣，如果不是為了這個，建議您不要在上班時大膽嘗試這些東西。

接下來是戒指。幾乎每個人結婚之後都會有個戒指，無論好壞男左女右都會戴著。但是家庭主婦配戴戒指，做起家事來很不方便；上班的人有戒指，常常脫下來洗手，就忘了戴回去，結果是得不償失，倒不如不戴的好。不過，如果戴著是為了紀念、或是有其他非戴不可的原因，就得好好的研究怎樣配戴戒指才恰當了。

到首飾店一看，琳琅滿目的戒指，該如何挑選？建議您可以先衡量自己的經濟能力，還有要看看戒面鑲的是什麼？無論何種珠寶，都要配合自己的手型，拿起來試一試，戴在手指上會不會很難戴上脫下，這才是適合的款式。

戒指也是由貴金屬製成的，也就是用金銀居多，搭配原則請記得前面「搭配膚色」的原則。戒指的戒面不宜太誇張，以免讓人看的眼花撩亂。

著名的形象學家張曉梅說：戒指是穿在手指上的女人心。這個比喻說的真好。我從西班牙帶回來的首飾盒，打開來會有音樂，還會有小美女跳舞，裡面裝著自己心愛的小玩意兒，特別是各式各樣的戒指，沒事的時候，拿出來把玩一下，就像是把玩古董玉器的感覺一樣有意思。前年我在巴黎的愛菲爾鐵塔也買了一個首飾盒，看來如此浪漫有趣，只要拿出來就會感覺好像年輕了很多，這就是秘密。**必須有點自己有興趣的東西，生活才有點綴。**

男士可就沒這種福分了，唯一可以值得誇耀的恐怕是那些有趣的領帶夾和袖扣了！特別是袖扣，若是搭配得宜，看起來就是那樣高貴、有氣質、又迷人！若是送禮，必須選可以配合收禮者的身分地位的袖扣，還有他的典型感覺，有的男人粗曠、有的溫文儒雅、有的很斯文、還有的很市儈氣，不同的典型，當然也要配上不同的袖扣。好的袖扣鑲著鑽石，真的很有質感，但是不會炫麗。也有的袖扣，用名牌的Logo為基底製作，一看便能認出。

男士的領帶夾跟袖口往往是一組的，三件在一起組合，才算講究。領帶夾是夾在男士襯衫第三個和第四個扣子的中間，太高太矮都不好看。有些公司會在特別場合，贈送領帶夾作為紀念。這些領帶夾上有些企業的識別標誌，是不適合在公司以外的地方配戴的。

最後談談項鍊，這個花樣就比較多了。便宜的路邊攤買也很漂亮，貴的百萬一條也多的很，端看個人的財力和眼光。建議您將貴金屬類的項鍊和普通裝飾類的分開，因為貴金屬的項鍊容易磨損，配戴完了以後要用絨布擦拭，去掉汗斑，才能收起來。如果有絨布盒子，分別裝起來會更好些。項鍊長短的選擇，要看身高比例，個子太矮的人，不太適合戴著很長的項鍊，那會顯得很累贅。相對的，如果脖子很短，就不要左一層、右一層把自己的脖子用項鍊捆起來，視覺上看起來很不好。

形象往往是整體的，稱作整合形象，任何一點點閃失，不僅無法添增您的優雅或魅力，反而使人察覺您的庸俗。我們的各種配件都是為了畫龍點睛，可千萬不要變成畫蛇添足才好。

重點整理

- 選擇眼鏡有三個關鍵要素：形狀、材質和顏色，其中形狀最為關鍵。
- 不管是哪個部位的搭配，一定要有整體搭配的原則。
- 選擇領帶，首先應該考慮的是運用的場合。無論如何搭配，千萬不要忘記：有規則圖案的領帶（包含素色領帶在內）是用來穿戴在正式場合的。
- 買鞋的原則：不要等有需要的時候才買，而是先想好自己所需要的是哪種樣式和顏色的鞋子，有空逛街一旦看到合適的，就立刻決定買。
- 按照西方禮儀，穿衣服必須三點不露：肩膀、膝蓋和腳趾。
- 按照西方禮儀，沒有穿鞋子和襪子就等於沒有穿褲子。

第五章

畫出適合自己的妝感，專業度馬上提升！選擇合宜的香水，魅力不可擋！

如何做基礎保養？

許多人會問我：「你是怎麼保養的」？這句話背後的意思多半是：我用的是哪種保養品？哪種品牌？怎樣的步驟？有什麼秘訣？若是這類的答案，老實說我也提供不了多少。在我生長的年代，大家忙著溫飽都來不及了，沒有多少人還有餘力談保養的。保養這名詞，也是最近十幾年才成為顯學的。

無論男女，只要看看照片，多少可以看出個端倪，尤其是現代的相機愈做愈好，解析度高，只要一放大，臉的四周馬上無所遁形。有許多時候，我自己認為挺不錯的近照，只要放大一些，馬上露出歲月的馬腳。尤其是秋冬之際，皮膚會很快失去水分，這時候的相片最容易顯現眼部四周的皺紋。

皮膚是年齡告白的當然畫面。不單只是臉上，更重要的三個指標是：**手部、頸部和頭髮**。如果只把大量的保養品都抹在臉上，但手、脖子和頭髮沒有光澤，那還是沒有用的。

身為壓力舒緩的講師，我經常在上課的時候會請學生檢視自己的指甲、摸摸頭髮、摸摸臉龐，從這三個地方，可以很清楚看出自己的皮膚末端，是不是已經有些先兆？是否有些焦慮？有些情緒的不安？或者已經顯示出有了壓力而毫不自知？如果指甲粗糙、頭髮亂翹不聽話、乾燥如鋼絲、臉龐不平整、摸起來有很多突起、好像橘子皮，那就表示你最近可能有心事，開始睡眠不好，有了初期壓力的徵候群。

皮膚，是第一個綠色轉黃色的信號燈，告訴你應該保養了。全天下最好的保養品，就是**睡眠**。再來是純淨的水，以及持久的好心情。至於其他昂貴的補品和保養品，如果沒有這三種作支持的話，也只能聊備一格罷了。人生的存款不是在銀行裡面，如果我們只是忙著賺錢，忘記了生活，那就很容易提前衰老。

我愛睡覺可是有名的！我兒子小時候在學校，別人問他「你媽最喜歡什麼？」他總是毫不猶疑的回答：睡覺。的確，我常說，我的人生，睡掉一半。晚上九點以後沒有人會打電話找我，因為十點以前我已經呼呼大睡。我的婆婆是廣東人，常常笑我說是個：

雞眼。意思是說，只要天黑，眼睛就睜不開了。

很多人看我做了很多事情，認為我一定是天天挑燈夜戰。其實我很少熬夜，除非去唱唱歌，否則晚上應酬很少，生活極為規律，幾乎和農業社會的人差不了多少。晚上當老公和兒子回到家的時候，都是我已經爬上床說晚安的當兒，他們回來總會說一句：已經睡了呀！晚安！

這不是為了別的，只是努力維持好習慣而已。一點也不誇張，只要三天沒睡好，工作效率馬上走下坡，脾氣也會變差，更糟的是專注力下降，更別說氣色好不好、或是漂不漂亮了！很多人的氣色好壞，自己就可以看得的出來，哪需要什麼面相師幫你算呢。

皮膚的主要魅力是有水分有彈性，但是細胞的彈力層，在三十五歲以後就逐漸失去活力了。需要靠自己的努力增加保濕的能力；否則，乾燥的皮膚，說什麼也美不起來，更別說什麼青春永駐了。我在念大學的時候住宿舍，有個教會的姊妹洗臉，我跟她學，總是用溫水、用手掌、不用肥皂或洗面乳什麼的。但她總是把臉洗的乾乾淨淨，這就完成了保養的第一步。

趁著毛巾還濕潤，敷在臉上幾分鐘，就是舒活細胞最好的方法了。如果可以，當然是天然的東西最好。如果您有保養的化妝水或收斂水，這時候趁著臉還沒完全乾燥，拍一點在臉上，加上乳液，就完成了基礎的保養步驟。

我的學院有個王寶英老師，是有執照的美容師，有一天我們出國開會，她說發現左手會比右手細緻，我也仔細觀察了。原來，是我們抹了保養品的時候，多半順手就用右手抹在左手上；而且，右手通常接著又洗東西，把手上的保養給洗掉了，因此兩隻手伸出來不平均。我看看，果然有這種現象。因此，看女人的右手，比較容易瞭解這個人的年齡。這是必然的。

如果您想敷臉，不妨試試一些自然的水果或蔬菜，例如黃瓜、蜂蜜、番茄，都是好東西。再不然，也可挑選適合自己的面膜，每個禮拜選兩天，睡覺前把臉洗乾淨，先用乳液敷一下，再貼上面膜大概十來分鐘，就可以得到足夠的滋潤了。

眼睛周圍的皮膚容易老化，這個部位請提早做保養。可以擦眼霜，搭配定期敷眼膜，雖是細節，但眼角卻是很容易看出年齡的一個地方，可不能輕忽了保養。

此外，脖子和手部的保養也是很重要的。用心整理自己的手掌、膝蓋、和手肘，必要的時候可以定期去角質。尤其是雙手，在洗完碗筷或是衣物，若不習慣戴上手套，一定要在洗後記得擦上護手霜；冬天比較乾燥，最好是養成每天擦上護手霜的習慣，做好保養。

指甲也是一個保養的關鍵。平常，請記得花點時間定期修整。指甲的形狀不要弄得太奇怪。現在流行美甲，各種顏色的指甲油都有人嘗試，五顏六色。但其實指甲也是需要保養的，保養指甲並不是要擦上各種指甲油，或是弄一個連自己也怕弄壞的彩繪貼。相反的，需要適時地讓指甲休息，因為指甲也需要呼吸。如果經常用顏色很深的指甲油，請記得隔一段時間擦掉，讓顏色脫乾淨。否則，久而久之指甲會變顏色，那就得不償失了。

另一個小細節就是：嘴唇，無論男女都得注意自己的嘴唇，這個部位也是容易出現乾裂的地方。除了喝足夠量、好品質的水以外，嘴唇真的很乾的時候，還是要擦上一些護唇膏，如果等到乾裂破皮，就太晚了。

最後，就是頸部了。這個部位，可是自古而來就讓詩人不能忘情的：願在衣而為領，承華首之餘歡。那麼，怎麼做才能讓脖子美麗呢？我遵循的是我的舞蹈老師謀瓊華的指導，每天用慢動作來實施頸部的鍛鍊，特別是現代人，每天在電腦前花的時間很長，先別說脖子美不美了，沒有得到頸椎相關的病就算是不錯了。頸部運動必須很緩慢的做，否則很容易運動傷害。更進一步地，也可以每天擦上乳霜，保持頸部肌膚的緊實。

五分鐘化妝術

您相信嗎，不化妝的人其實很多，但原因多半不是因為買不起化妝品，而是沒人教，或者嫌麻煩。以我這個禮儀老師的角度來說，化妝是一種禮貌，沒有化妝表示沒有準備好就出門，這就好比沒有刷牙就見人，令人不悅；化妝是生活的一部分，必須養成習慣，若是上班或是參加活動，就必須認真裝扮自己，並不能用沒時間或者不會作為藉口。

年輕朋友有時候會跟我說，老師：我化起妝看起來很老。這是可能的。由於自己沒有化妝經驗，總會認為化妝以後自己看來很成熟。成了「熟女」很不習慣，多數的孩子們還是很喜歡自己看來很清純的樣子。即使去上班很多年，都習慣性的不化妝就出門，為的就是在潛意識裡頭，還保持那麼點「假設」：讓人家誇獎說你看來真年輕，好像還是高中生一樣。

如果您當過主管，就不會認為這個想法是正確的。事實上，百分之八十的主管在面試的時候，如果看到沒有化妝的女性，都會認為這是個來做實習生的基層人員。他們不會把重要的工作交給你，因為會不放心。此外，如果您已經入了這一行而久久不能升遷，建議您可以攬鏡自照一下，看看自己的樣子，是像個成熟穩重的女將，還是只是個青澀的菜鳥？

化妝是一定會改造人的容顏。以前我經常去電視台錄影，上節目前都得在化妝間給老師們做造型。這種專業的美容師真的很厲害，只要坐在椅子上，他們就會問：今天是上哪個節目，主持人是誰，今天談的是什麼主題？然後不用半小時，頭髮和化妝造型都完成了。可以讓你在瞬間就由一個二十歲的少女，變成五十歲的少婦；也可以從五十歲的貴婦，變成二十歲的俏丫頭。

因此，化妝絕對不是時間不夠用的問題，更不是化完妝會變得更老的問題，單純的就是需要熟悉技術。如果您沒有經常練習，把自己當作實驗品，那麼化妝的結果，搞不好還不如不要化好些。我常常看到，即使是賣美妝品的人，化的妝簡直像唱戲的，看著不自然不說，還非常的不搭調。

化妝要多少時間才夠呢？這是個見人見智的問題。短則五分鐘、十分鐘，講究的妝譬如說演員的妝，那可能要三小時才夠。有一回我到汶萊去參加國際會議，最後一天我們表演的是天女散花，為了畫那個仙女的眼神，足足花了三個半小時，只為那雙眼睛而已！還不包括其它。

化妝最難的就是畫眼睛。我最欣賞菲律賓人畫的眼睛，看來已經是當婆婆的人，永遠還像是個白雪公主似的叫人著迷。如果仔細端詳所有化妝品的模特兒，會發現他們最大的長處，就是水汪汪的或者神秘無比的眼睛了。

在上禮儀課時，我都會為學生安排化妝保養的課。通常這堂課都是到課率最高的一堂。我會找五、六個化妝師，把學生分成若干組，然後美容師跟大家坐在一起，圍成一個圈。有時候，其它科系的老師也跑來湊熱鬧，因為學習是免費的，平時也沒有人教這些。

我都會建議大家學習最簡便自然的化妝法：如果您是二十幾歲的女生，皮膚膚色自然透明的話，只要拿根眉筆把眉毛刷一下，再用唇蜜把下唇塗滿，那就是很美的基本妝容了。然而，如果您常熬夜，臉色容易發黃，那麼恐怕這招就不靈了，必須要學習完整的化妝。

即使是完整的化妝，大約五分鐘到十分鐘就足夠了。首先要準備幾樣東西：粉底霜，粉餅，眉筆眉刷，以及唇膏。請記住，這幾樣東西都必須是適合自己的色彩，並不是找別人的東西借用一下就可以，否則畫起來，就不能成為自然透明又年輕的開運彩妝。

粉底霜的選擇很簡單，試塗一點在手背上或下巴上，如果塗上去好像皮膚的原色，那就是適合您用的粉底了。臉部成功化妝最關鍵的元素，就是如何打好粉底和打對粉底，不僅顏色要正確，而且要塗的極為均勻，才能有最好的效果。

首先，把粉底霜點五點：額頭、鼻頭、雙頰、和下顎。然後用海綿輕輕由下往上推開，注意鼻樑兩側、眼窩、嘴唇四周，這些都要仔細補滿，粉底霜是用來改變膚色的，務必要很勻稱，不薄不厚的塗好。最後在完成以前，再用中指和無名指的指腹輕輕重複一次，確定都很完整。眉毛部位不要塗，唇部也不必。但是頸部不要忘記都要塗滿，一直到後頸部為止，才不會有明顯的色差。

接下來是用粉餅了。粉餅盒子裡面會有海綿，其中的一面剛才已經用來塗粉底霜，現在就用另一面來撲粉吧！注意撲粉不是塗粉，要用海綿大面積的沾上粉之後，由上往下慢慢的蓋。不僅是臉上各個部位，頸部也是，小心眉毛和唇部四周，不需要沾粉，其它部分都要很勻稱地撲好。

這時候的臉部顏色應該已經很自然柔和了。好的化妝看來跟沒有畫的差不多，只是會更有精神、更能體現自然美。第三步，就是拿起筆刷，開始畫眉。古時候的人最愛畫眉之樂，可見眉毛多麼重要、有樂趣。

個性與眉型有直接的關係，所以眉毛是一個要注意的地方。平常就需要修剪，不要任由它胡亂長，特別是男士們因為沒有化妝，你的一舉一動，眉毛都替你說清楚了。眉毛三分之二的地方是眉峰，這裡是決定造型最重點的地方。如果要突顯自己的個性，可以用深色畫的尖一些；如果要讓自己看來比較有人緣，那就畫的圓一點，用咖啡淺色，讓自己看來很福氣、飽滿。畫好之後，別忘記要用眉刷輕輕刷一次，這樣眉毛看來才會自然。如果要自己修眉，請先畫好喜歡的眉型，然後再把多餘的部分給剃掉。如果自己沒有把握，最好找個美容師幫您處理。

眉毛畫好之後，就剩下最後一步：描唇。可別小看這個步驟，要花的細心不亞於眉毛呢！首先，請找一支適合的唇筆，絕對不可以拿起唇膏就往嘴上塗，那可是錯誤的。最好是選有兩頭的唇筆，一邊是用來描唇線的，另一邊是用來塗唇膏的，兩種的顏色是不同的。唇膏必須至少是相同色系的深淺兩色：例如，絳紅色和朱紅色，一種用來勾畫出唇形，另一種用來填補中間的色彩。

首先從下唇線開始，由中間向兩邊畫，先右後左。這邊要注意的是，用唇線可以改造唇型：如果您的唇在整張臉上顯得太小，那就不妨畫的稍微大些；相對的，若是比例上有點過大，那就讓它變小一點。通常「靠嘴巴吃飯」的行業，例如公關、媒體、教育、影視等，雙唇在視覺上應該要大些；相對的，若是從事財務、金融、研發、技術專業等行業，最好畫個櫻桃小嘴，而且嘴唇看起來要比較薄。如果想讓您的雙唇立體一些，唇線可以畫粗一點、顏色深一點。白天下唇厚些，晚上上唇厚些，這也是一個實用的小技巧。

畫好之後，請拿面鏡子，在遠處張望一下，看看效果如何，然後修正。唇型畫好後，就可以用唇筆的另一邊，填滿淺色的中央部份了。填滿的方法，是要用唇筆沾著均勻的唇膏，慢慢的上下塗抹，而不是左右亂塗。全部塗滿之後，最後一步就是將下唇靠中央的部分補些亮色的唇蜜，您的唇就看來飽滿欲滴了！嘴唇除了代表性感，並且還代表你的感性和熱情。有了櫻唇的美感，氣色立刻會截然不同。

嘴唇要塗什麼顏色才好呢？這可是個有趣的難題了！基本的原則是要先確定您今天穿的衣服，最後才上唇膏的。所以女士們最好是配備有各種不同顏色的口紅，以便可以搭配衣服的顏色。我通常會把不同顏色的口紅放在一個長條盒裡面，準備要配色的時候，就可拿起這個盒子與上身配一下，選擇顏色最相近的那一對色彩就對了。年輕的時候，唇色比較淺，所以可以用橘色、粉紅色；到了年長的時候，唇色也會暗沉，這時候就用紫紅色或絳紅色比較能出色。但請記住，無論用哪種顏色，都不要太過誇張，使人遠遠一看，只看見你的嘴，而不是你的眼，那可就是失敗的化妝了。

選擇適合自己的化妝品

基礎的化妝品應該從洗面乳就開始說起。建議您可以準備兩罐，一種是一般洗臉用的，另一種則是去角質用的。去角質用的可以每個禮拜使用一次，將臉上的角質層去掉以後皮膚會比較乾淨細膩。每天都化妝的女性，請準備卸妝專用的潔面乳，包括洗臉的、卸眼部和卸唇部的。因為使用的部位靠近眼睛和嘴巴，建議您仔細挑選、多加比較，才能挑到最適合您的。

另外，有些女性的皮膚很敏感，很容易過敏。若您是屬於這類膚質，建議您不要勉強使用不當的牌子，最好請專門的皮膚科醫生鑒定後，由醫師指定使用的方法或廠牌，此外，現在也有很多製作少量專門給皮膚敏感人使用的化妝品品牌。

化妝品也是有保存期限的，所以不要超過期限使用。一般說來買回來開封以後，儘量在三年內用完，因為化妝品也是化學藥品，不能夠放著不用。如果你有不少已經過期的化妝品，建議早點丟棄，不要讓自己的皮膚受到傷害。

對於眼睛四周和唇部的化妝品，更要小心一點。眼睛很怕刺激，所以跟眼睛有關的產品，例如眼線、睫毛膏還有眼影這些東西，建議您多花點錢買品質較好的產品。特別是睫毛膏，現代有很多時尚女性愛塗上各種不同的顏色，那就更需要注意了。睫毛膏有刺激性，如果您戴隱形眼鏡，有時候會流淚，那就是刺激性太強了，不太合適。

口紅也是，畢竟口紅經常會在吃飯時被吃進肚子裡，選擇品質可信賴的口紅是第一要務。口紅多半含有化學色素，因此請選擇好一點的口紅，並且不要把不同牌子的口紅混在一起，否則嘴唇會很容易脫皮。建議您可以在用餐前，去化妝室把口紅擦掉，吃完飯再補妝。

羽茜女士編著的《氣質何來》介紹了以下緊急補妝的方法，適合辦公室的女性參考：

1. 口紅變模糊：可以用凡士林加上比原來的口紅顏色更深的混合口紅塗上去。
2. 眉型變混亂：可以用睫毛膏加以修整，但不要使用過量。
3. 眼影變淡了：可以用少量多層次的畫法重新加上去。
4. 皮膚出油了：可以用海綿將臉擦乾淨，然後重新上粉底，再加上粉紅色腮紅。
5. 臉上太乾了：可以用噴霧器向臉上噴水，但可以先在臉上敷上一張面紙。
6. 睫毛膏糊了：可以用棉花棒擦乾淨後，重新塗上。

請注意以上所說的噴霧器是化妝專用的噴霧器。瓶內的水是特殊用的皮膚用水。通常都是冰川的水加工的，價格較為昂貴。

接下來談談眼影。眼影不管是選色或配色，裡面都有大學問。專業用的彩妝盒，裡面通常有數十甚至上百種的眼影。如果您是初學者，建議您可以從基礎的眼影組開始練習，基礎化妝眼影通常是一套三個顏色。該買什麼顏色的？買來以後又該怎麼上，效果才會最好？以下簡單介紹原則。

藍色系列的眼影屬於冷色系列，除非您要營造冷豔的感覺，否則用紫藍色的系列會稍嫌大膽。此外，紫色的眼影並不好駕馭，尤其如果要用來打造煙燻妝，需要練習與技巧。

眼影比較好用的其實是暖色系列的**洋紅**和**粉紅**，以及**淺咖啡色**，這幾個顏色效果都不錯。此外，金色和銀色在晚妝當中幾乎是不可缺乏的。眼影有膏狀、筆狀、或粉狀的，不管是哪一種，都是在完成其他部分的妝容後，再漸次畫上去的，並不是一開始就塗上。

塗眼影的時候，先用最淺的那一色（假設是三色的眼影盒）塗滿眉毛以下到睫毛以上的部位，用眼影筆慢慢塗滿，看起來淡淡的，但是會讓您的眼睛看起來變得立體。再來，用第二淺的顏色將雙眼皮的位置塗滿，即使沒有雙眼皮也可以補成雙眼皮。最後，將最深色的畫在接近眼線的部位，一直畫到眼角部位為止。畫眼睛有很多方法，最好經常練習，才會熟悉、上手。經驗是最重要的，透過不斷的練習，才能了解自己的臉適合什麼妝。此外別忘了，眼影也是要搭配服裝的，先穿好衣服，才知道今天該畫哪種顏色的眼影。

最後是腮紅。可別小看這最後一個步驟。正確地在笑肌打上腮紅，可以讓臉龐立體，更可以修飾、改變臉型。在經常使用的顏色中，粉紅和桃紅是最常被選用的顏色。如果您的膚色比較深，選擇咖啡紅或是赭紅色也是很好看的。另外，因為腮紅有時比較容易脫妝，不妨在一開始塗深一點（但千萬不要下手過重了），大約半小時後，就會顯得非常自然。

選對香水，魅力不可擋！

一般而言，香水有三個或四個類別：第一種是爽身露，通常很大一罐，放在浴室裡，是在洗完澡後噴在身上讓身體清爽的。第二種是古龍水，這是一種淡香水，男女也都可以使用。第三種叫做香精，那才是真正的香水，通常是女人專用的，一般用擦的，很少用噴的。

雖然說香水的品牌和氣味千百種，但香水的氣味也會營造出一個人的形象與品味，因此實在不建議您一天到晚換牌子，否則就無法顯示出個人的品味了。

香精的用法和爽身露與古龍水是不一樣的。爽身露是在洗完澡後噴在身上的，古龍水則是白天用的淡香水，適量噴在耳後就可以了。香精通常是晚上用的，擦在脈搏跳動處，如手腕內側和耳後，通常各一滴就夠。

好的香精持久力是很強的，即使是一小滴，都可以保持整個晚上或白天都很香，因此請切記不要全身到處亂擦，否則香氣過度，可是讓人不敢領教的！錯用了香水，不但不迷人，還可能給人很差的印象。

那麼，要怎麼挑選適合自己的香水呢？首先要先了解香水的特性，不要盲目地跟著買名牌。最好是親自去櫃上試聞，使用試香紙，才能試出香水正確的味道。一般而言有三個階段：「前味」：是幫助進入香水的香味，因此這個階段的味道通常比較清香；「中味」：是接觸空氣大約十分鐘後的香味；「後味」：大約是過了二十分鐘之後，香水所呈現的味道，這個味道就是香水的基調，如果要確認一個香味是否適合自己，最好是要等到這時候比較保險。

香水有千百種味道，但大多不脫離花果香調、柑苔調、木質調等，因此，必須考慮到使用的場合，在那個場合下，您想給人什麼樣的印象？比方說，花果香甜美的味道，可能很適合約會的場合、或是初出社會的新鮮人，但如果說是要談生意的場合，想要給人沈穩、自信的印象，則木質調的香水會比較適合。同樣的，上班時間用的香水，和下班之後宴會、娛樂等活動用的香水，也會很不一樣的。

在選擇香水時，有一點很容易被忽略的要素是「氣候的差異」。亞洲國家普遍濕熱的天氣和乾冷的歐洲大陸差很多，同樣的香水在不同的氣候條件下，味道會很不一樣，因此如果對某些品牌的香水很傾心，在購買之前，這也是必須考慮進去的。

搭配合宜的香水，不僅是一種時尚禮儀，更可以大大增添您的魅力，請一定要花點時間，找到適合自己的味道。

如果不想花錢買香水，利用天然的花卉也是一種方法。譬如，您可以將一小束桂花放在手帕裡，或是放在衣櫃裡，這樣衣服都會有淡淡的清香。其他的像是玉蘭花或茉莉花，都是一般人喜愛擺在車上或案頭的香花。

重點整理

- 皮膚會透露您的年齡，是第一個綠色轉黃色的信號燈。
- 最好的保養品是睡眠，其次是純淨的水，還有持久的好心情。
- 皮膚的主要魅力是有水分有彈性，靠保養增加保濕的能力。乾燥的皮膚說什麼也美不起來，更別提青春永駐了。
- 眼睛周圍的皮膚容易老化，請提早保養。
- 化妝絕對不是時間不夠用的問題，更不是化完妝會變得更老的問題，單純的就是技術與經驗的問題。
- 完整的化妝大約五分鐘到十分鐘就足夠了。
- 眼影比較好用的是暖色系列的洋紅和粉紅，以及淺咖啡色。
- 適當地使用香水，可以幫助營造良好形象。

第六章

擁有誠懇、微笑的動人眼神

眼睛會說話

型體的裝飾無論如何都是表面而已。眼神表現出來的，卻是一個內在的形象，以及傳達給他人的訊息，因此容易在不留意的時候，就顯現出自己的破綻。**眼神是不需說出口的溝通**，有時候甚至比說出來的話還要更有效。

有一天，我在車站看到一個年輕女孩等車。人多車擠，好不容易大家都上了車，到站的時候，這個女孩要下車，前頭擋著個人，動作稍慢了些，女孩擠到他前面下了車，回頭憎惡的回頭看了一眼，我正好經過，那個眼神，我永遠忘不了。一個那麼美麗的孩子，穿戴整齊，可怎麼會有那麼惡毒的眼神？

這個眼神，讓我體會到，許多沒有說出來的概念，有時候比文字和言語更加犀利，西方人說這是身體語言的奧秘，我們東方人叫做察言觀色：從細小的動作，可以觀察這個人到底心裡隱藏著什麼樣的思想與秘密。

每個人的眼睛都會說話，喜樂的、愉悅的、無奈的、無情的，我們都可以看的很明白。

張浩先生的著作《辦公室女性必讀》一書中提到，兩人如果說話的時候相互凝視對方會產生緊張感，因此會在潛意識中想要逃避這種緊張，而無意間將視線飄離對方的眼睛。最普通的例子就是搭乘電梯的時候，大家都會不約而同的注視著天花板或地板，避免彼此目光的接觸。

在演講或培訓的課堂裡，我特別喜歡那些眼神總是沒離開過老師身上的學生，看著他們不斷的點頭，就會更熱烈的講下去。可是，如果真正走到他們身邊，就會發現他們會馬上低下頭，不再敢看著你，好像做了什麼錯事似的。等到離開他們身邊，他們才用更興高采烈的神情看著你，好像中獎了一樣快樂。因為他們會認為，老師很注意他，有很大的鼓勵作用。

有很長一段時間我都擔任大型活動的主持人，即使是再大的場面，我都會用環繞四周的眼神，隨時觀看著每個在場的來賓，如果地方不是大的驚人，我都會拿著麥克風走到每個角落去，仔細看著每個來賓的樣子。這樣，他們往往會給我更多的掌聲。即使在美國拉斯維加斯主持大型國際晚會，有兩千餘人的盛大場面都相同，不要想著這麼多人就不會注意你的眼神，正好相反，因為現場的大螢幕會讓你的臉部表情，比平時更細膩的表現在觀眾的眼前。

張浩先生的書中提到，美國拉特華大學的埃克斯萊因博士認為，一個在說話時不看對方的人，是不希望自己的談話被打斷。他仔細地研究了人與人交談的目光，發現其中有些規律。如果在談話過程中正視一下對方，則表示他在說話停頓時，對方可以打斷他的說話。假如他停頓了，但並不看著對方，說明他的想法還沒有斷，這種信號表示：「這還不是我要講的全部內容，我只是在略作考慮。」倘若聽者對說話者掃視一下，那等於說：「我對你所說的不十分同意，我有別的看法。」若是說話者自己將目光掉轉，這可能表示「我對自己說的也不大有把握。」在聽對方講話時候看著對方，意味著「這也是這個看法」或者「我對你說的很感興趣。」如果說話者看著聽者，那就是說「我對我講的完全有把握。」

研究者認為，人們在談話中不願意看著對方的眼睛，是為了避免分散注意力。好好運用察言觀色的靈感很重要，您可以藉由觀察對方的表情來訓練自己觀察的能力。如果能夠捕捉到對方眼神的動態，就能判斷該怎麼反應才是最好的。如果談話中對方的眼神越來越明亮，那就表示可以談下去；相反的，如果對方的眼神很呆板，那就表示紅燈亮了。

這種眼神的判斷當然是要經由經驗累積的，有的人觀察力很敏銳，只要眼睛掃過一下，就會知道對方是什麼意思。相對的，有的人即使是教了半天，也完全沒有這種能力。我擔任秘書工作十多年，早就練成一身功夫要眼明手快，往往一桌子開會，每個人只要一抬眼睛，我就得知道，這個人想什麼？要什麼？更別說是要時時刻刻的注視著老闆的動靜，看看他有沒有需要及時支援的地方。如果老闆已經開了口，才過去問他有什麼需求，這時候為時已晚，老闆通常是最沒有耐心的，等不及你問，他可能就要開罵了！

想要在職場上成功，一定得花工夫好好研究對方的眼神裡面述說著怎樣的故事，尤其是很多人嘴上不說，但是在眼神中，卻已明白地表現出他的意思；因此好好的「閱讀」眼神和「練習」好眼神都是很大的學問，而這些都是需要靠後天的努力學習與理解，不是天生具備的能力。

練習好眼神

眼神是可以練習的。就像肢體動作一樣，每一步、每一個眼神表達都是有意義的。透過訓練與練習，您將會明白，該怎樣用眼神跟別人說話，有時候，那會比用言語還來的動人。

有個寒假，我帶台灣的青年學生交流團到北京訪問，其中有一天活動單位安排了京劇漫談，主講人宋鋒的演示與說明令人印象深刻。主要是談京劇演員如何運用完全不帶台詞的方式，抽象地說明一件事情或是一個表情。在這樣悉心解說下，我們才了解為何台上的人要用這麼濃的化妝來強調眼神，因為這樣，即使很遠的觀眾，都能清晰瞭解戲劇演員的每個傳神的動作。

這個傳神的動作，我們如果不練習，就不可能會擁有。在我學習敦煌古典舞蹈的期間，老師除了教我們肢體動作，還會用大量的時間要我們席地而坐，專心說明眼神的運用方法，並且告訴大家，好的舞者除了肢體的出神入化以外，還要全神灌注的運用自己的眼神，這樣的眼神，比肢體還要重要。

要怎樣練習，才能讓自己的眼神充滿魅力呢？最基本的練習，就是在說話時，看著對方的眉心位置，也就是兩眼中心的地方，而不是看著對方的瞳孔。當你看著對方的眉心，對方會感覺你是在注視著他，但你不會覺得自己很尷尬或是很緊張，這是培養自信的眼神的第一步。這種用法在第一次見面的人，或者是面試工作的時候，更加的重要。

接下來，可以練習緩慢地轉動你的眼球，上下左右的旋轉，然後慢慢地向左、向右、向上、和向下看。請記住：當您對著長官說話時，請向上看著他，可以讓他有被尊重的感覺；請平視您的同事和客戶，他們會覺得您是真心對待他們的；向下的眼神是看晚輩和小孩的。這三種最簡單的眼神，請牢記並多多練習。

我的學院裡，有一位陳美雪老師，我最喜歡看她跟學生上課的樣子，總是很認真的看著每個學生，每個都不會放過，她會讓每個學生都感覺自己受到老師的重視，所以她上課不會有人睡覺，每個人都會相同的盯著她看，有一次我還聽見學校裡面有個老師說，我們學校怎麼會有這麼漂亮的老師呀！其實不只是漂亮，而是有那種誨人不倦的信念，讓她發出那種專注的眼神！

所以**在練習眼神以前，請先練習自己的心**，**告訴自己要有自信**，**更要把專注的力量**，**放在每天每件工作上**，**與每個人身上**。不要貪圖每件事情都可以同時完成，這樣你的眼神容易變得渙散，跟你講話的人都會察覺到你的不專心，對於業務是一點也沒有幫助的。如果你是第一線直接面對客戶的職員，請一定要記得微笑的重要性。

目前這兩年我在中國大陸各地巡迴講課，幾乎都是為了高等服務業講授同樣的道理：無論哪種行業，競爭的開始是比技術，其次是比價格，最後是比服務。許多龍頭型的行業已經逐漸意識到這一層次問題的重要，所以願意花大錢進行客戶關係的改善，只有當第一線的業務員可以提供顧客良好的服務體驗與服務品質，公司整體的形象才能相應提升，也才能期待業績的成長。

人的臉部有二十五萬種表情，是由臉上的四十四組肌肉所組合而成的。想想看，這是多麼的複雜！想不到我們這張臉，還可以變出這麼多花樣，真可說是「變臉」了。然而，我們要變成怎樣的臉，才能給人最好的印象呢？裝飾眼神的功夫可就要有技巧了。

英格麗張舉了她自己秘書的例子：她說因為個人際遇的關係，她的秘書總是陰森森的一張臉，讓她看得都難受，更別說是其它客戶了。最後，英格麗要她的秘書「每天練習十分鐘的笑」。強迫微笑的結果，改變了秘書的心態，不久她就習慣性的從內心笑起來，也終於讓每個人都看到令人舒服的笑容。

這樣的要求在西方社會或許可以做得到，但是東方社會可就不太容易了。以前我有一個秘書也差不多是這樣，很少看到她有什麼好臉色，我都不好意思直接說她，還是繞了個圈子，找了我的一個朋友跟她說的，東方人好面子，當著面說她恐怕不僅不能成事，反倒是壞了事。

在歐洲國家和美國大部分地區，講話必須看著對方的眼睛才是有禮貌的。可是如果到了日本，這樣看著長官可是不行的。日本人從小就被教導必須看著地上講話，向上看是看輕別人的舉動。因此，也要注意每個國家的國情與文化。

心理學家發現，如果兩個人同時被面試，那個比較常被面試官注視的人，通常是比較容易被選上的。這一點是的確不錯，當我看著一大群人的時候，我會用眼光很快的搜索到我所喜歡的人。我前陣子做過一次測驗，讓三個不同年齡的女士分別看著一頁印滿模特兒圖片的畫冊，結果三個人會分別一眼就判斷出她們心目中最喜歡的佳人。

心理學家也發現，如果我們與職位較高的人談話，會很容易去注意到那個地位較高的人，而忽略那些與你同階層的人。這也就是為什麼說要眾星拱月了。地位較高的人不想要被拱出來也不行，在心理上人們都會很自然的看著領導者的一舉一動，期待他們的下一步。

也因此，領導者必須學習裝飾自己的眼神，不要輕易的讓自己的喜好很快就被四周的人一目了然。這並不是說當領導的人都要裝的很神秘，而是身為領導的人，總不能讓人一眼就看穿他心裡正在想些什麼，總是要保留一些彈性，這樣在決斷問題的時候，可以隨時有保有彈性。

眼神的鍛鍊是一個可以每日進行的練習，您可以在腦海裡想像一幅畫面，然後練習這個眼神，比方說，如果您準備要去和重要客戶談判，希望這筆生意能夠成交，那要用什麼眼神？如果您的情緒可以隨著眼神起伏，那麼不假時日，您也可以成為一個眼神交替的高手！

微笑的眼神

眼神的第一課，就是練習微笑，別小看微笑的魅力，許多人就是贏在這上頭，也有更多人是輸在這上頭。我的一位好朋友就是這樣的例子：他剛出社會時，只是個長得不起眼、學歷也比不上人的實習生。十八歲那年他在辦公室傢俱優美集團服務，清早在大門口掃地，看到一位很早來上班的老者，就對那人笑著說：你早呀！老人回頭看了他一眼說：這個孩子不錯！

他感到很開心，回家一直想：為什麼那個人會說我不錯呢？我到底哪裡不錯呢？他拿了面鏡子，仔細看看自己的樣子，鏡子中的自己只不過是個瘦小的年輕人，怎麼看都沒有特色，怎麼會不錯呢？想來想去，大概是跟那老者笑了一下還不錯，於是他就在鏡子裡，重新回憶模仿這個曾經有過的笑容，但是怎麼笑，都好像找不回當時的那種感覺了。

不行，我一定要找回那個笑容，因為那得到了讚賞。於是他日夜琢磨著這個瞬間的笑容，日裡也笑、夜裡也笑，看著鏡子找，甚至連他老婆都覺得他是不是瘋了，連作夢都在笑。但他終於練成了一個誠懇的笑容，這也讓他的命運從此改觀了，由於他的笑容謙和，最後那位老者——也就是董事長，決定讓他不要掃地了，去送貨吧！

送貨的時候，有人問起業務的事情，他也兼做些客戶需要的東西，由於服務好，不久就成了業務員、業務經理、業務副總、業務總經理。這時候的他，在鏡子裡面的臉已經成了個彌勒佛的模樣，完全沒有當年那個鄉下孩子的影子，不過他還是一本當年的初衷，跟所有的客戶都建立最好的關係，後來自己建立事業，往往前三個月就把一年的業績全都拿到手了，根本無需擔心什麼沒有成長的問題。

我在二十八歲進入媒體服務，當時也算是個青澀的菜鳥，還記得面試時，看看一起來競爭的對手，不僅學歷好，也比我長的漂亮得多。當時家境清寒，當然也沒錢買什麼名牌，穿的很普通，報社的老董請吃飯，自己覺得除了對工作的自信，其它都是付之闕如，不過運氣好，還是順利考上了英文秘書一職。

每天我都是在總經理還沒來以前，就早早來閱讀報紙，研究分析，並且把該做的工作恭恭敬敬呈遞在主管桌上，準備好之後，才正式開始一天細節的工作。有一天要去洗手間的時候，遇見三個正在擦地板的阿姨，看到我走過去，有一個人問：這個人是誰？我聽見另外一個人小聲回答說：這是老闆新來的秘書，這人不錯，每天都會笑笑的。

從此我知道，只要見人笑一笑，無論對方是否認識你，都很容易對你產生好印象，並且從而願意跟你交往，不會對你產生疏離感。即使這個人與你完全沒有關係，也會傳頌你的笑容給其它認識的人，他們會間接地在人群中替你建立好印象，讓你的人緣變好，這就是成功的第一步。

英格麗張所著《你的形象價值百萬》這本書裡面寫道：微笑，是人類最美好的形象。因為人類的笑臉散發著溫暖、自信、幸福、寬容、慷慨、吉祥等等，微笑吸引著幸運與財富。隨時能夠笑的人已經證明，他們在個人生活和事業上都更能成功。她還引用美國金融界巨頭查理斯•斯瓦博的話說：「我的笑容價值百萬。」

我在上課時常提到，人在開心愉悅時，會在腦子裡面產生「腦啡」，這種腦啡會提升身體的免疫力。腦啡使人產生快樂的感覺，兼具止痛效果，強大壓力下的受傷，往往事後才發覺疼痛，那就是腦啡在作用。針灸之所以能止痛，部份也是因為操作時分泌腦啡所致。

運動、聽音樂、和朋友或家人聊天都可以分泌腦啡，心情好時，自然會分泌大量的腦啡，令全身舒暢，提高免疫機能，進而避免生病和延長壽命。相反的，如果心情沮喪或憤怒時，腦啡就無法分泌。以前我在練習舞蹈的時候，老師天天耳提面命就是要我們能夠增加自己的愉悅感，隨著音樂翩翩起舞的人，當然會有腦啡。

近年來許多人喜歡唱KTV，其實這也是一種能夠讓自己暫時忘我並且產生愉悅感的活動。我曾經研究過這件事，人們在表演自己的那首歌的時候，無論唱的好壞，都會有人叫好鼓掌。每個人在掌聲中得到以往沒有得到的獎賞，所以在這短暫的舞臺上，每個人都會開懷的大笑。同時，在音樂聲中你還可以模擬情景，例如說心情好的時候、失戀的時候、與好友相聚的時刻、生日歡慶的時候，你可以變成歌唱中的男女主角，讓兩者之間畫上一個等號。這樣的行為有助於紓解情懷，好像這首歌是唱給那個不在場的人聽，讓對方也與你在一起歡樂或憂傷。

所以，你的眼神一定要有微笑的眼神，只要有微笑的臉就有微笑的聲音。想想看廣播電台的主持人，他們的臉上要掛著微笑，聲音也要有微笑。即使在最不快樂的情形下，看見麥克風，就要有職業性的微笑。我在廣播界待了很多年，每當我在外匆匆趕路的時候，往往急的滿頭大汗，可是當我進了演播室的那一刻，我的慣性動作就出來了。我一定會很開心愉悅地說，各位聽眾大家好，我是石詠琦，又是新的一天的開始，你都準備好了嗎？當我說的時候，我可以想像得到所有聽眾一定會說：你好，我已經準備好了！

因此，在廣播電臺和電視臺，可以聽到更多的笑聲，也可以看到更多的微笑眼神。媒體工作的人天生就是好動的一群，他們會想出各式各樣的怪點子來讓別人開心，所以常常聽到我們說，不能再笑了，我的皺紋都出來了！皺紋出來又怎麼樣呢，一笑十年少，誰都希望自己可以更年輕的！

我們的笑容還會傳染給別人，俗話說，伸手不打笑臉人。無論有什麼深仇大恨，看到對方和善的笑容，誰能擺出一副難看的臉色呢？大部分的人不會的！當我在幼稚園上課的時候，老師只要笑一笑，孩子們一屋子都會笑起來，有時候莫名其妙就會開心很久，這是多美好的事！

我們從眼神中看到的笑意，會讓我們有更自信、更美好、更親近；也因此，當我們帶著這種眼神的時候，無論是與同事、朋友相處，或是在商場與客戶談判，或是在街上與人擦肩而過，都會散發出無比的魅力。讓美好的生命透過笑容傳遞出去，不僅是自己身心愉悅，又可以讓其它人跟你一樣，變得年輕有朝氣，何樂而不為呢？

重點整理

- 型體的裝飾無論如何都是表面而已，不用說出口的溝通，有時候比說出來的話還要有影響力。
- 兩人說話時，相互凝視對方會產生緊張感，因此兩人會在潛意識中想要逃避這種緊張，所以會無意中將視線飄離對方的眼睛。
- 當你說話時看著對方的眉心，對方會感覺你是在注視著他，然而你不會覺得自己很尷尬或是很緊張，從而會有更自信的眼神。
- 眼神的第一課就是練習微笑。微笑吸引著幸運與財富。
- 科學家說人的臉部有二十五萬種表情，這是由臉上的四十四組肌肉所組合而成的。
- 眼神的鍛鍊是隨時隨地可以模仿和學習的，您可以在腦海裡產生一幅畫面，然後練習這個眼神。

第七章 練習充滿層次的聲調，並且言之有物

如何掌握說話的聲音

大約有十年的時間我都陸續在廣播電臺服務，對於節目製作與主持，我始終保持高度的興趣。電臺的主持人和電視不同，主要靠的是聲音的魅力。聲音是種奇特的東西；人會變老，聲音不會。許多東西可以拷貝，但是人的聲音卻不能複製，所以說，聲音是我們身上原創性的產物。

早年我也應邀擔任過電視的製作和主持，可是做不了幾集節目就喊停換人，原因是那是個早晨十點鐘的女性談話性節目，臉是沒問題，但聲音經過麥克風傳遞之後，製作人覺得「顯得像個年輕少女」，因此後來製作單位就換了個面貌還可以，但是聲音很「老練」、「沉穩」的中年人。節目播出以後我自己前後比較一下，發現她們走馬換將是對的，在那個女性談話性的節目，觀眾需要的是那種「成熟型」的形象，而不是聽來

稚嫩的聲音。

轉換到廣播界之後，無論主持新聞性節目或是生活類節目我都會比較壓抑自己的聲音，讓原來比較高亢的升調，變成比較低沉一點的慢調。久而久之，觀眾習慣了我的聲音，在節目有Call in的時候都會誇讚我的聲音好聽。其實那是練出來的，可以說，是一種職業的聲音，與平時講話的速度與語調不太相同。

我的電臺同事們都有很美妙的聲音，或者該說，很有特色的聲音，如果你看到他們的廬山真面目可能會嚇了一跳，有的六、七十歲可是有三十來歲的聲音；有的三十來歲卻有六、七十歲的聲音。聲音與本人的差距非常大，這是因為聲音不大容易隨著年紀而改變。您可以想像自己的同學很久沒見面時候的感覺：和他通電話的時候和以前差不多，連個性和口語都一樣；但是一見面就發現他老多了……

有許多年，我都在盲人圖書館擔任義工，把各式各樣的書籍帶回家製作成盲人可以聽的圖書。在我「念」書之後，會瞭解自己聲音的盲點，也就是在我自己聲音裡面的錯誤。這個經驗對我修正自己聲音的錯誤有很大的幫助，特別是很多相類似的「口語病」，像是講話中常常說「所以……」「嗯」「是喔！」等等，因此也對我日後從事廣播工作有不小的助益。

有一次，盲人圖書館幫我們這些義工找了個全盲的義工來教我們「正音」，我們上了一整天的課程，對這位老師佩服的五體投地。他雖然是全盲，但是卻能在日常生活中完全獨立自立，並且能說能彈能唱，更令人佩服的是可以「變聲」，一個人可以飾演很多角色，讓我們歎為觀止。

例如說，動漫節目裡面如果有一個老頭和一個年輕人在對話，他可以同時扮演兩個聲音。更有甚者，如果有一堆動物例如：老虎、大象、猴子、小鳥等等在對話，他可以一個人就分飾各種角色的聲音，在立即錄音的情形下不由分說就自由變換。最多的時候可以一人分飾八個角色，實在令人佩服。

這種「變音」的手法，對於我們日常工作也會有很大的幫助或影響。比方說我在教室裡面上課，和在企業裡面培訓，用語和腔調會有些許的不同。最近幾年因為經常幫高階主管上課，逐漸習慣講話速度變慢，語氣也比較凝重，很多學生會認為我很嚴肅，其實我並不是個很嚴肅的人。但在那樣的場合下，這樣的聲音語調才是適合的。

每種職業對於聲音的要求不一，而且，許多人從未想過聲音的重要性。在本書的一開始我們已經說過，根據形象學的研究，影響一個人成功溝通與否的因素，聲音就佔了百分之三十三，可以說是影響非常大。可是從小到大，很少有人強調說話聲音的方法。也只有少數人會去學習如何使用正確的語調來說明一件事情。

最典型的例子，是在我培訓秘書的時候，教大家如何用揚音起音說話。拿起電話的

第一句話如果是用揚音起音，就會聽到一種積極的、正向的、開朗的、愉悅的聲音，相反的如果是用抑音起音，就會讓人感覺這個人是沉悶的、抑鬱的、收斂的、無趣的。這就是聲音的威力，或者說是聲音的魅力。

我初出社會時，為了學習口才，曾經向專門的老師學了八個月，那時候的鹿宏勳老師用很大的工夫，一個個的教我們怎麼發音，怎麼用嗓子，怎麼把感情投入聲音裡面，還有怎樣保持高低抑揚，如何讚美，等等。這些方法至今我還都很受用，這幾年，我自己也長期開設這種口才班，矯正人們說話中的錯誤。

聲音的錯誤自己是無法察覺的，四周的朋友也不會注意，因為這是一種習慣，大家習以為常，不太留心對方的問題。然而，一旦是在大庭廣眾之下說話，或是遇見了不認識的陌生人，說話的聲音就佔了第一印象的很大比例。

我的口才班通常分成八個禮拜上課，其中最重要的是要分階段讓所有學生正音、朗誦、敘述、念稿、最後還要讓大家編劇表演。透過一連串的方法，可以使得每個學生不僅說話更有自信，而且個性會更為開朗。

每個人的聲音都可以藉著專業人員的指點而改善，如果沒有機會去上任何口才課程，至少應該把自己的一段話錄在手機裡聽聽看。手機錄音是很容易操作的，您可以對著手機講上一段話，就好像答錄機一樣好用，然後播放的時候，就可以仔細聽聽看自己講話到底有些什麼毛病。

首先要避免的是老氣橫秋與頤指氣使的語氣，這樣是很難討人喜歡的。可是在我的觀察裡，幾乎有一半人說話都有這種毛病，而且自己完全不知道。說話時，要盡可能地給對方一種明朗清新的感覺，如同中文所說的「如沐春風」。

訓練聲音最好的法子就是大聲的念出來練習。以前老師說，每天早上坐在門口拿著英文單字大聲念，就會記的很清楚，這個法子在訓練聲音的時候是非常管用的。只要拿出一篇簡單八百字的文字，在空曠的地方逐字逐句的念出聲音來，久而久之，對於自己聲音的改造會有極大的幫助。如果能夠邊念邊錄製，然後再聽幾次自己的聲音，然後記下自己的口語病，那就更能夠快速面對自己聲音的缺憾。

多年前，我也同時是個活動的主持人，大小活動參加主持不計其數，但是最深刻的印象是去美國賭城拉斯維加斯擔任主持人，這個活動是Comdex Fall也就是著名的高科技展覽，我應邀主持學術論壇和歡迎晚會，現場有二千五百人中外來賓，活動長達五小時。

為了第一句開場白：Good Evening, Ladies and Gentlemen，我站在下榻酒店的大浴室鏡子前面足足練習了八個小時。重點就是要抓住開場時候所有人的注意力，雖然我的主持功力很老練，但是面對國際性大場面，即便是一句開場白，我也不敢有些許的差池。

這就是聲音。這個世界上有很多人靠著聲音吃飯：像是配音員就是一種不為人知的賺錢行業。廣告公司和電影公司都會把平時聲音有特色的人做成錄音檔案給客戶選擇，有名的「聲音」非常昂貴，這些人的聲音確實會給人不同的感覺，這就是專業。

說話的態度非常重要

這些年，我花了很多時間研究人們說話的態度，特別是在對客戶的關係上。舉個例子來說，許多公司請我訓練總機櫃檯的服務人員，還替他們制定了說話的制式標準語，可是每個念這些標準問候語的人，只要發音念一遍，我就可以聽出來，這個人在內心深處到底有沒有打算學會處世的態度。

幾年以前有兩場在龍巖的培訓，讓我印象深刻。這是一家生命禮儀服務事業，規模很大，生意也很競爭，加強服務禮儀也是工作要求之一。更重要的體驗是，我的講堂門口就是各式各樣的棺材，喪家就來來往往的在看著棺材和骨灰罈樣本。

說實在的，縱使我有二十多年上課經驗，接受這種邀約也是第一次，不過在這裡上課的學員和其它公司不一樣，這些人的心境平和，有一種看穿世事、無欲則剛的味道。我的主題是企業倫理與服務禮儀。雖然跟其它企業相似，要示範和訓練很多口語的和肢體的動作，但是這些人的服務態度顯然不同。

如果你所面對的經常是生老病死的客戶，而不是那些要來買食衣住行產品的人們，可能會對自己的人生有很大的影響。在醫院我曾經照顧自己的父母十幾年，每天跑上跑下看到的人生，與那些在股市和銀行出現的人，有非常大的區別。換句話說，每個人因為經歷不同的世界，會有態度上極大的轉變。

比方說，如果我讓一群秘書念「你好，我姓蘇！」這樣的簡單句子，十個人可能有五種不同的念法。如果我請菜市場的阿嬤念「很高興為你服務」這樣一句，十個人會有五個人根本講不出口。原因很簡單，因為在她們的腦袋裡面，沒有這塊叫做「服務意識」的東西，所以縱使說破老嘴，這麼簡單的話也講不好。

我總喜歡跟那些從小就有良好教養的孩子們聊天，有些人就這麼的彬彬有禮，說話做事總是從容不迫，言語很有分寸，絕對不會跨越尺度，令人心曠神怡。相對的，有些人即使長到七老八十，教育程度也非常良好，可就是言語無味，面目可憎。這是什麼原因呢？

言語的背後其實隱藏著人生的態度，這樣的修為與教育有直接的關係，但是更重要的是心理對外界的反應。有很多四周的朋友，開口閉口就會說，「是嗎？我感覺不是這樣！」「這個人，我看不怎麼樣！」「那就看著辦好了！」這一類的話語，一聽就知道是有著自負驕傲的心態，很容易驕兵必敗。相對的，有些人常常說「是這樣嗎？」「真的太感謝了！」這類話的人，必定會因為他們謙遜的個性而終必得勝。

要怎樣才能讓聽話的人有如沐春風的感受呢？首先就是要讓自己沒有心理的負擔，真實的、真誠的與人相處。您可以看看四周圍的小孩子，他們的童真源於無知，但是無知也就是純潔的表白。等我們成長之後，我們的思想被太多的知識與教導所扭曲，漸漸地，我們說話的態度就失去了純真，而變得世故。

在商場，您可以注意到那些售貨員總是跟著衣著光鮮的人繞來繞去，奉承阿諛的話三句不離其口；可是萬一來個看來像是很乾的人，這些賣場的人可就完全沒有這樣的熱誠了。這就是第一線員工必須加以改造的思想：要能夠一視同仁，把每個客人都當作是潛在的客戶，而不是根據自己的評價來看顧客人。

其次，要擁有好的說話態度，必須訓練自己多多讚美別人。我在口才應用的課程裡，專門有這樣的一堂課程，教導每個學生如何讚美。讚美的形容詞並不是很容易學習，必須一個一個的找出來，然後再不斷的練習，直到這些語彙成為自己的為止。形容詞是哪些呢？這會依據讚美的對象不同的！上課的時候我會讓每個學員對著他身邊的人加以讚美。

經常，許多人面對自己的熟人，居然連三個讚美辭都說不出來。有些人還說，都這麼熟了，還說這些做什麼？可見我們多沒有習慣說些真誠有力的讚美辭：你真是了不起！我很佩服你！要跟你多學習！這些話會給人有讚美得宜，而且不會很肉麻的感受。

讚美的語辭經常掛在口邊，久而久之就成了自己的語言態度。日本人在教導售貨員的時候，都是把：「歡迎光臨！很高興為您服務！」這樣的話語不斷的練習一百次，直到最後這樣的話成為習慣性的語辭，只要大門一開，任何人走進來，都會看見售貨員恭恭敬敬的鞠個躬，聽到大家齊聲說：歡迎光臨。

讚美物品的形容詞就更難了。譬如說，當您看到一幅美麗的圖畫，或是眼前有著壯麗的山水，要用怎樣的形容詞才能道盡心中那種悸動呢？這樣的練習在我們的教育裡面很缺乏，可以說是修辭學，也可以說是審美學。以現代人來說，就是一種美學經濟的世界裡，所需要的概念吧！

第三，想要培養好的說話態度，最好能夠降低自己的姿態。包括看人的眼神在內，都是表現說話風範的良好表現。降低姿態還不只是把眼光放低，而是真的想像對方是您可以學習的人，希望能夠在他身上學習有用的知識，而不是認為這只是個擦身而過的陌生人。

「人皆可以為師」，就是說每個人身上都有可以效法的地方，而不是每個人身上都有值得批評的地方。仔細看看這個對談的人，到底你可以學到什麼？這是一種好的、正面的態度。無論是平輩或是晚輩，都能夠讓自己在面對面的過程中，得到良好的啟發，進而得到想不到的知識，這就是滿招損、謙受益的妙用。

最後，要學習良好的說話態度，還是要練習多用「我」字開頭講話。同樣一個意思，常常用你或您，倒不如用我或者我們開始說要好的多。比方說，兩人約會遲到，女的說：「你每次都遲到！」倒不如說「我在這兒等好久了！」同樣一種意思，多用「我」字開始說話就比「你」字要好的太多。

以上所說的方法，建議您從今天就開始練習，改變說話的習慣。每個人一旦養成說話的習慣，就很難再改回來。西方人只要做一件事情，總是會詢問對方的同意或意見，他們的口頭禪是：May I?只要看見有個空位子，他們不會立即坐下，而是去問問臨座的人，我可以做這兒嗎?May I sit down?其實位子是公眾的，何必問呢？西方人就是習慣如此！如果要推門進入房間，他們也一定會先敲門，並且在門口說：我可以進來嗎？May I come in?這種隨時徵詢同意的態度，是我們在對話中應該學習的禮貌。

說話的態度如果能夠改善，人生將會因此有很大的轉變。這是因為人的行為就好像是一面鏡子，你怎麼說、怎麼做，就會反射出來自己的形象。我有個學生在政府機關上班，多年來從不曾說過「請」「對不起」「謝謝」這一類的話。但是上了我的課程不久，她突然對電話裡面的人說了句「非常感謝你！」使得對方很驚訝，對方說「不要客氣！」這使她受到很大的鼓勵，從此之後，這個學生學會用更多禮貌的問候，她所得到的讚賞使她突然覺得人生充滿了光明，以往她的生活灰暗面逐漸消失了。她開始走入人群，開始認為人生有了意義，也開始和自己的家人合好，重新開始新的境界。當然這不是裝出來的，而是自然形成的。

快樂，說穿了，就是人生的積極面被開發。面對人生最好的態度就是：希望自己是怎樣的人，就會成為那樣的人。說話的態度因為反映了自己的人生觀，也就明明白白的帶給別人對你的評價。許多人怨歎自己的命運不好，真正的命運其實是自己造成的。如果我們不能及時轉變，命運會越來越壞，不可能越來越好。

正確的說話速度，需要靠練習才能掌握

多年前，我的一位好朋友曾經請教我一個問題：石姊，我要怎樣講話才能夠慢一點？當時我聽了哈哈大笑，告訴他說：要改變個性才行。他是個知名的會計師，同時也是知名大學的會計系主任。憑藉著他俐落行事的作風，才建立了很好的事業，但是也是這樣的作風，讓他講話會越來越快。

我為了幫他矯正說話太快的毛病，特別去聽他的演講。他的演講一向非常精采，可以把很難懂的財務問題，講得深入淺出，所以往往是座無虛席。我這個不懂財務的人，

剛開始的前半場都聽的津津有味。到了後半場就欲振乏力，因為他會越講越快，讓聽眾不禁覺得好像在跟著跑步，愈來愈跟不上。

歸咎原因，是因為往往他在上半場，只講了大約四分之一的內容，因此，等到後半場開始，他就拼命趕進度，於到了最後，就會容易虎頭蛇尾。另一方面，由於不斷想到還有很多內容都沒有講，愈來愈心急，所以就嘴巴愈來愈快。這樣不但聽眾有些無奈，他自己更因為求好心切而煩惱無比。

說話的速度，最好是一分鐘不要超過兩百個字，否則就會顯得太快了。我們接受專業訓練的時候，老師都會拿著碼表計時，讓我們一次又一次的修正說話的速度，不可以太快也不可以太慢，否則聽話的人會聽的很吃力，講話的人也會說不清楚。講得快是因為人類的思想快過動作，在還沒有說以前腦子已經轉了很多圈。急性子的人尤其習慣急著把自己想說的事情說出來。

有很多企業界的學生都會說我講課速度太慢，但是學校裡的學生就會說我講話太快。既然是同一個人，為什麼會有這種不同的反應呢？原因就是學校裡的學生，想要從老師的講解中找到要考試的重點；而企業界裡面的主管、老闆們平常就急著想知道事情的結果，所以就恨不得我可以趕快把結果告訴他們。

我曾經為視障人士和聽障人士做過不少訓練，有一回為視障人士演講，中途休息時候，我問了現場一個聽眾聽得清楚我講的話嗎？她說老師講的很好，但是咬字不清楚。我有點詫異，平時我是經過訓練的專業講師，怎麼還會講的不清楚呢？後來我把錄音帶拿來重複聽聽，就知道自己不能講得太快。

演講如果能夠看到講者，跟沒有看到講者，感覺是不一樣的。看得到講者，可以立刻吸收到講者所說的內容，所以比較不會意識到講者說話的速度，在快慢上有什麼不一樣；但是，如果聽話的人不能看到講者，說話的速度就會顯得不同。

在聽障人士協會的演講也讓我印象深刻。當時他們的邀請讓我有些不知所措，因為我不知道對聽障人士演講會是個怎樣的狀況，也不好意思問活動單位：既然是聽障人士，怎麼聽演講？等到我去了才知道，原來大部分的聽障人士都裝有助聽器。

幸好，活動單位有給我提示：老師，請您說話慢一點。我們現場有手語老師幫忙說明，另外，還有很多人可以看的懂唇語。於是，我試著放慢了速度說話，結果反應很好。從此之後，我體會到：真正的演講家，除了要有足夠的魅力吸引觀眾，還得有美好的聲音，才能給不能看見你的人，更深一層的印象。

或許您會以為，說話的速度是天生的，後天很難改變，其實不然。小學時候，我經常參加學校的朗讀比賽，老師都會教我們如何把握聲音的速度，如何說話聽起來清晰明白，如何講話不會吃螺絲……等等。幼時的訓練對於日後的說話很有幫助——特別在聲音的速度上。

如果您聽到一個人講話速度特別快，那您對這個人會有什麼印象呢？想必是這個人「個性很急」、「熱情」、「衝動」、「不夠理性」、「毛燥」、「聰明」、「反應快」等等。或許你會聯想到電視上面主持Talk Show的知名人物。說話快的人有個毛病，就是讓你插不上話。他們很急著要把自己想說的倒了出來，也許沒有顧慮到聽的人會有什麼反應。

但這樣就違反了溝通的基本原則，因為溝通是由對話開始的。如果只有一個人不斷的講，那就成了獨白，不能叫做溝通。真正的對話是由一聽一說而起的，如果某方面一直講個不停，另一方面不久就會消失了興趣，漸漸的對方所說的內容就好像是耳邊風，甚至會不太相信對方所說的是真的。

以前我在企業界上班的時候，經常會認識這樣的朋友，有位知名的企業家往往每次請我們到他府上去吃飯，當晚三、五個小時都會一個人講個不停。他的經歷固然是令人瞠目結舌，不過聽完一次就好像看完一場話劇似的，要聽眾再聽個幾次就彷彿是冷飯重炒一遍的令人不耐。

請問問自己，有沒有在不經意時，跟那些大老闆一樣，喜歡經常重複著自己的理念和心得而不自覺呢？

話多，中國人常說「言多必失」或「是非只因多開口、煩惱只因強出頭」，彷彿是多說多錯、少說少錯、不說不錯。自古，中國人喜歡謹言慎行的人，多過能說善道的人。時代至今雖然不像過往那般訓誡，不過身居高位的人，能夠多聽少說，再哪個時代都是挺重要的，畢竟「三思而後行」，如果沒有充分的「思」就急切切的「行」，總免不了令人擔心是否哪句話可能是說的不對了？

因此，平時就得練習「聽」的藝術，能夠仔細地多聽多想的人是很不簡單的，需要很好的修為才能做到。進一步的說，各式各樣的專家都是很能「聽」的人。真正有智慧的人都會靜靜的「聽」、慢慢的「說」；而那些半調子的人，總是忙著不斷的「重複」著自己不重聽的話，直到別人厭煩才結束。

知名的行銷專家孟昭春在他的名著《成交高於一切》裡提到：高明的談判者不僅善於傾聽，還善於在不顯山露水的情形下，啟發對方多說、詳細的說。對方說話時，不要打斷對方，也不要怕冷場，當對方有一種「言多必失」的警覺時，要盡力的「諄諄善誘」。在傾聽了對方的意見後，要從對方說話的神情、講話的速度、聲調的高低、說話的思維邏輯等方面，判斷出對方是一個什麼類型的談判者，還要儘量判斷出對方的真實意圖。

根據這樣的說明，您可以想像一下，說話對於談判而言，也是非常重要的。談判的對手會在察言觀色之間，決定談判的結果和如何進行下一步，如果你經常有面對面談判的機會，那麼更要努力控制自己說話的速度。正如羽茜在《氣質自造》這本書裡面所提示的，「說話的速度不要太快或太慢，應追求一種有快有慢的音樂感。在主要的詞句上放慢速度作強調，在一般的內容上稍微加快變化。」

說話的速度，也反映了個人的修養和見識，俗話說：「半瓶醋響叮噹」。有見識的人們說話總是慢條斯裡的，有次序的，而經常搶別人話的人，就好像是半瓶醋一樣，深怕自己的知識學問別人不知道，於是就急著得先說出來。這種情形會愈來愈不能改善，最後成為大家討厭的人，他說的也就成了「老生常談」。

言之有物，更受歡迎

我曾花很長的時間訓練銀行的行銷人員如何介紹產品，但是訓練的方法卻是要讓他們先忘記產品，這是什麼道理呢？原因很簡單，當你把個產品背的滾瓜爛熟的時候，人家一聽就煩，馬上躲的遠遠的，這樣的成功機率不大，因為你是職業性的演出，無法感動客戶。

北京一號線地鐵上有個叫賣「北京地圖」的人，他就很懂得客戶的心理。一般人叫賣會說：「最新的北京市地圖，一塊錢一塊錢啦！有六環線的！一塊一塊！」很多人擦身而過，還會嫌他討厭，車廂這麼擁擠，還來湊什麼熱鬧？可是這位老兄很懂得服務行銷的心理，只聽他說的就不同：「復興門站快到了，這是轉乘車站，要是不知道要怎麼搭車就問我！北京市地圖本來賣四塊，現在一塊錢！錢不好賺，省一塊也是好的！」

聽了他的話，不少人慷慨解囊。「對呀！這一塊錢多難賺呀！」昨天我看到一對男女下班在車上，那男的就買了一份，我相信他不是真的需要這份地圖，而是同情受感動而做了一塊錢的買賣。這就是很好的案例，當你介紹說明這個產品的時候，不要直接了當的就推銷它，這樣很容易被拒絕的，因為人們只是當他是產品，認定這是你的工作，而沒有感覺。

根據本書最開始提過的7／38／55定律，產品的內容只占成功原因的百分之七而已，換句話說，如果即使把一部論語背的滾瓜爛熟，也不可能像于丹一樣的令人著迷。他們的成功不是把材料背熟了，正如推銷員不是把產品介紹背個爛熟就能讓別人購買，是一樣的道理。

當您去買一種商品的時候，往往成交的動機不是那種商品有多好，而是那個賣商品的人講的有多好，因為這個人而不是這樣東西的結果，讓你不知不覺就決定了它！

因此，說話的內容在溝通的過程中，比不上說話給人的感覺重要。當一個人滔滔不絕的說著他的產品而忘記了客戶，或是當一個老師滔滔不絕而忘記了學生，說話的效果肯定不會很好的。說話的內容就好像是做菜時候的各種食材一樣，在做菜的時候要加上調味料，在說出口的時候要加上人的感覺。

希臘哲學家奇倫曾言：「愚蠢總是在舌頭跑得比頭腦快時產生的。」這也就是說禍從口出了！當我們滔滔不絕不假思索的就把口袋裡的「貨」都倒出來，聽眾會被你煩死、膩死、嚇死。而且，當那些內容不斷的重複之後，對方就會真的認為這些都是沒有價值的空談，聽完了也不會進到腦子裡的。

英格麗張在她的《你的形象價值百萬》裡，有一段話很值得好好思考：

> 閒談是任何人都避免不了的溝通交流活動，是加深人際關係、促進瞭解、增進友誼和感情的避不可少的手段。但是閒談並不是沒話找話說，不負責任的閒話，不經過大腦就跑到舌頭上的語言，會讓人付出巨大的代價，或者是直接縮短了事業的壽命。溝通專家認為，閒談的目的為的是找到雙方更多的相似之處，縮短在正式而呆板的商業活動中保持的距離。

交談是判斷一個陌生人的社會地位、生活、成長背景和可信度的最有效的工具。談話的內容和技巧也是一把衡量人的真實品格的精密尺子。你所涉及的談話內容，你所選用的語法、詞彙、語音、口音等等，都像畫筆似的在一筆一筆繪出你的形象，在人們的意識中構造你的背景。只有那些雅俗共賞的、不帶有個人攻擊性的、不存在個人偏見的、不帶有強烈的政治和宗教觀點的、不具有性別歧視的、不帶有淫穢色彩的、不給人們的燦爛情緒上播灑憂鬱的內容的談話，才不會抹殺你優雅的形象。

以下四個重點，您可以時常練習，相信會對您在「說話」這件事上很有幫助的：

1. **想好再說**：先聽對方說什麼？聽清楚了再回答，聽不清楚要禮貌性的問清楚，對方還沒有說清楚，您還沒有搞明白以前，不要急著搶答或插話。
2. **不要重複**：不妨把自己的講話用答錄機錄一段聽聽看，是不是很多話您都是說了又說，自己聽的都煩膩。可是講久了就習以為常，認為這樣說也沒有什麼不對。
3. **充實知識**：多跟有學問有知識的人交往，讓對方的知識學問變成自己的，這些知識不是道聽塗說的蜚短流長，而是增進智慧和充實生命的學問。

4. **攙入情感**：任何人講話如果只有推銷員的伎倆那就是令人討厭，推銷員口若懸河為什麼不討人喜歡？那是因為是一種職業的慣性，所以經常容易被拒絕，如果能夠用種動服務式的引導性語言，就會比較容易接受。

重點整理

- 聲音的錯誤自己是無法察覺的，四周的朋友也不會注意，因為這是一種習慣，大家習以為常，不太留心對方的問題。
- 根據形象學的定義，聲音佔據一個人成功與否的百分之三十三，可以說是影響非常大。可是從小到大，很少有人強調說話聲音的方法。也只有少數人會去學習如何使用正確的語調來說明一件事情。
- 言語的背後隱藏著人生的態度，這樣的修為與教育有直接的關係，但是更重要的是心理對外界的反應。
- 說話的態度跟年齡沒有多大的關係，但是好的說話態度的確會讓人感覺年輕。
- 要怎樣給人如沐春風的感受呢？首先就是要讓自己沒有心理的負擔，真誠地與人相處。
- 要有好的說話態度，必須訓練自己多多讚美別人。讚美的語辭經常掛在口邊，久而久之就成了自己的語言態度。

- 說話的速度最好是一分鐘不要超過兩百個字，否則就會顯得太快了。
- 真正有智慧的人都會靜靜的「聽」、慢慢的「說」；而那些半調子的人，總是忙著不斷的「重複」著自己不重聽的話，直到別人厭煩才結束。
- 說話的速度不要太快或太慢，應追求一種有快有慢的音樂感。在主要的詞句上放慢速度作強調，在一般的內容上稍微加快變化。

第八章 掌握合宜的肢體語言與儀態

理想的坐姿

我經常的工作就是搭飛機到外地講學或者開會，出入各國各地的機場就成了家常便飯。等候飛機的時間很長，所以在候機室裡面我都可以看到形形色色、各種不同姿態的人，或坐或站，或聊天或玩手機，觀察他們的身體語言成了我最大的樂趣。

在像是香港這種國際型大機場裡，有時候憑一個動作就可以判斷這些人是從哪裡來的。同樣是個中年女士，香港、泰國、印度、新加坡各地的坐姿肯定不一樣。從坐姿，有時一眼就可看出教育文化的水準差距。

女士的坐姿有三個重要的原則，**第一是膝蓋不能分開**。**第二是兩手要在膝蓋上成八字形交叉**。**第三儘量不翹二郎腿**。

從小我們就被教導要「坐有坐相、站有站相」，但卻很少被教導該怎麼坐或者怎麼站，所以大家就會照著自己喜歡的感覺坐著或者站著。一旦成為習慣之後就很難改善，慢慢的，這種姿勢就會跟著我們一輩子而不自知。除非是在照相的時候，否則很難覺察自己的姿態是否雅觀或合宜。

羽茜編著的《氣質何來》裡，對坐姿的說明是這樣的：

女子就座時，雙腿併攏，以斜放一側為宜，雙腳可稍有前後之差，即若兩腿斜向左方，則右腳放在左腳之後；若兩腿斜向右方，則左腳放置右腳之後。這樣人正面看來雙腳交成一點，可延長腿的長度，也顯得頗為嫻雅。

男子就座時，雙腳可平踏於地，雙膝亦可略微分開，雙手可分置左右膝蓋之上。

她的另一本書《修養何來》中，有更詳盡的描述，並將坐姿細分為入座、坐定和離座三個部份，她是這樣描述理想的坐姿的：

1. 入座：入座又稱為就座或落座，要遵守：講究順序、禮讓尊長、注意方位、從左入座、背對座椅和落座輕穩的原則。

2. 坐定：坐定後，男士雙膝併攏或微微分開，並且視情況向一側傾斜，兩腳自然著地，雙目正式對方，面帶微笑；女士的基本要求是，腰背挺直，手臂放鬆，雙腿併攏，目視對方。與人談話時候，雙手放在沙發扶手上，但是不可手心朝上；談吐之間手腳不可亂動。

3. 離座：

1) 注意先後，身分高者先離座，身分同等可同時離座。

2) 起身輕穩，離座動作要緩慢輕穩，不能發出聲響。

3) 自左離開，同入座一樣，堅持「左入左出」。

4) 站好再走，離座要自然穩當，右腳向後收半步，然後起立，起立後右腳與左腳並齊，然後從容移步。

談到各種姿態，我在《奧運禮儀》這本書裡面說的比較明白。女性的坐姿相對男性而言，是更重要的。無論多麼美麗的女子，穿上華麗的服飾，卻有不雅的坐姿，馬上會令人議論紛紛或者是想入非非。公共場合之中——特別是筵席或是會議——相信很多人都會遇見這樣令人尷尬的場面。看到美麗可敬的女士但卻沒有良好的儀態，實在是很可惜的。女性坐姿幾個注意要點如下：

- **前坐三分之一**：相信很多人都聽過，女性在入座的時候，都要等鄰座的男士先幫她拉開椅子。女士入座之後，男士在輕推椅子到其腿部。女士坐下時，儘量向前坐下，背部絕對不靠在椅背上，可將隨身物品如皮包或是衣物等東西，放在身體和椅背之間。
- **雙腿膝蓋合攏**：女士的坐姿是膝蓋絕對不可分開，小腿也要合攏；小腿可以放置在椅子正中間，也可以平行斜在兩側，但是上半身一定要面對正前方。兩手的位置，可交叉輕握放在腿上。如果雙腿斜在左側，手就在右側；相反的，如果雙腿在右側，那手就放在身體的左側。
- **二郎腿的姿勢**：標準坐姿坐久了，可能會很疲累，這時可以換個二郎腿的姿態。當然如果有重要貴賓在場，這是不適當的，但是若是一般不是太嚴肅的，倒是還可以的。方法是先將左腳向左踏出45度，然後將左腿抬起在右腿上；反之亦然，將右腳向右踏出45度，然後將右腿抬起在左腿上。
- **矮沙發的坐姿**：坐在矮沙發上，女士的坐法又與一般坐椅不相同。這時候雙腿除了要合攏之外，膝蓋可能會高過腰。因此，所採用的坐姿應該是雙腿斜放式坐法。也就是雙腳同時要向左側或右側斜放，而與地面呈45度左右的夾角。女士的身體如果能成為S型，就是最優美的姿態了。

- **主持會議坐姿**：女性主管或是司儀若是要經常主持會議，在臺上可能被注視的機會很多。這時候的坐姿非常重要，方法是雙腿併攏，雙腳在腳裸部位先行交叉；然後略向左或向右斜放。這樣的感覺是自然大方。重點是雙腳不可以張開，或是向前方伸出去，使人感到干擾或是不適。
- **高腳椅的坐姿**：有些餐廳的酒吧台或是唱ＫＴＶ時候的高腳椅，坐的時候就與一般的坐法又有不同。高腳椅的坐法是，將其中一隻腳放在地面，另一隻腳跨在高腳椅的橫桿上，但是膝蓋還是要併攏，而且雙腿要斜度在同一方向。這時候如果能夠穿上高跟鞋就會更恰當更好看了。
- **日本料理坐姿**：吃日本料理或是到野外去野餐，很可能要坐在地上，女性的坐姿又要如何才最正確呢？首先蹲下後，雙手在兩側扶著地面，慢慢的斜坐下，一腿置於另一腿上面，坐久了如果很疲累那就換一個方向。如果要站起來也是相同，必須要用雙手先撐起身體，然後慢慢站起來，注意膝蓋還是不能分開。

不同的場合，可能必須變換不同的坐姿，但是原則上背部挺直，膝蓋併攏是最需要注意的地方。雙手成為交叉的八字型最美，無論哪一隻手在上面都沒有關係，但是放在身體的側邊或中間都是很好的姿態。上身必須面對正前方，目光凝視客人，保持優雅的微笑，這就造成高雅的形象了。

至於男士呢？基本上如果可以注意以下幾點，就可以給人很好的印象。這也可以用來觀察一位男性是否具備基本的禮儀知識：

- **良好坐姿原則**：身體的重心應該是垂直向下，腰部挺直。男士坐下時，兩腿略分開，與肩膀同寬，看起來不至於太過拘束而又穩重。坐下時，兩腳著地不可空蕩，要儘量平放在地上，大腿與小腿成為直角。雙手則應以半握拳的方式放在腿上，或是椅子的扶手上。
- **男子坐沙發時**：千萬要記得不要整個人往內攤靠，給人精神不振的感覺。就坐時，姿勢應端正，態度安祥，除非是很休閒的場合，否則不宜翹腿，也勿以手敲拍桌椅，不可以搖膝蓋，更不可以抖腿。頭部要保持平穩，目光平視前方十二點的位置。臉上保持輕鬆和緩的笑容。
- **男子側坐時候**：側坐時應該上半身與腿同時轉向一側，臉還是應該在正前方，雙肩保持平衡。如非必要，絕對不要翹起二郎腿，尤其有外賓在場的時候，會給人有輕浮不安分的感覺。晃動足間，更會使得四周的人認為你是目中無人或是傲慢無禮的感受。這些不雅的動作，都在禁止之列。
- **長期上網坐姿**：經常坐在電腦桌前面的人愈來愈多，這時坐姿更為重要。首先，銀幕及鍵盤應該放在正前方，不應該讓脖子及手腕處於歪斜的狀態。銀幕的最上方應該比眼睛的水準低，而且銀幕應該離開最少一個手臂的距離。大腿應儘量保持與前手臂平行的姿勢。手、手腕及手肘應保持在一條直線上，任何一點都不該彎曲。腳則要輕鬆平平放在地板或腳墊上。

・**椅子正確高度**：坐姿也牽涉到椅子的適合度，如果椅子太高，要看桌上的東西或是鍵盤，頭勢必要往前傾，於是頸部就必須出力；如果椅子太低，同樣會對頸椎、腰椎造成負擔。因此，正確的坐姿還要配合合適的桌椅，在坐著的時候，椅子的高度要能讓膝蓋呈90度彎曲，而鍵盤的位置也要讓手肘關節呈90度彎曲，身體不必過度的伸展或彎曲，保持頸椎、胸椎及腰椎正常的曲線。

理想的站姿

說到「坐有坐相，站有站相」，後者可是比前者更難了。

站立最大的問題就是站不直，有的人背挺不起來，有的人腰挺不起來、有的人下巴不知道要向後收攏、還有的人是雙肩放鬆不了。這些原因多半是缺乏自信，或是每天坐久了導致姿勢不良，甚至引發了身體的疾病。日子久了，習慣彎腰駝背卻不自知。

許多年前我從事投資的生意，到美國的矽谷去考察，每天都要聽許多科技人才向我們報告他們公司的發展現況。我和總裁帶著幾個專家聽了一個禮拜，雖然說對科技的項目我們並不是多麼專門，但是看看這些來報告的CEO站在那裡說話的樣子，就幾乎可以幫他們打好了分數。如果是站都站不好的人，又怎麼會有信心投資他們呢？

相同的道理，當我要提拔一個底下的員工來擔任高層的職務時，我絕對不會用一個看起來沒自信的人，特別是將來要獨當一面的人。因為這種位階的人，代表的是公司的形象，如果站出去無法給人留下良好的印象，對公司的形象也不會有助益的。您可以注意看看各國的領袖級人物，或是各企業的負責人，是不是都有一種英姿勃發的氣質呢？

現在有很多人站著的時候，背部是挺不起來的，這可能和現代人看電腦的時間太長、又缺乏運動有關。最有效的補救方法，是去練習舞蹈，或是一種運動，並且要能持久地鍛煉。

羽茜的《氣質何來》中，對於站姿的描寫，非常值得參考。她說，正確的站姿是要從人的身體側面觀察的，人的脊椎骨是呈自然垂直的狀態，身體重心應該是在雙腳的後部。雙膝併攏，小腹收緊，提臀部，直腰挺胸，雙肩稍向後平放，直頸，收頦，抬頭，雙臂自然下垂，置於身體兩側，或雙手向前置於小腹位置。

背部貼著牆壁站著，是最容易達到這個站姿的。先貼好牆面站著，雙手自然下垂，這時您的胸口會自然挺起，小腹會自然收緊，然後吸氣吐氣，直到十分鐘以後離開牆面，仍然保持剛才的站姿，這樣繼續大口吸氣吐氣保持十分鐘，每天這樣練習，自然可以改變站姿。

男士的站姿與女士的不同。基本上還是在膝蓋、手的擺置和腳的方向。男士的膝蓋是打開的，雙腳向前不要八字，雙手半握拳放在身體兩側，女士站姿可以側身而站，膝蓋是併攏的，雙手成八字型，放在身體的一側或身後，腳部則是所謂的3/4步，也就是一隻腳在另一隻的四分之三的位置站好。這個部分我在《奧運禮儀》當中有詳細的說明。以下同樣以女性和男性站姿分別說明。

女士站立最好是雙腿併攏，雙手位置輕放兩側或互握於前。切忌不要拉衣角，互握時手部不要搖動。女性單獨在公開場合亮相的時候，可以採用3/4步站立，膝和腳後跟應該緊靠，身體重心應該提高。女性站立的時候，眼光不能左顧右盼，應該儘量以正前方平視，面帶微笑為原則。

- **標準女性站姿：**全身從腳心開始微微上揚，收腹挺胸；雙肩撐開並稍向後展；雙手微微收攏，自然下垂；下頜微微收緊，目光平視，後腰收緊，骨盆上提，腿部肌肉繃緊、膝蓋內側夾緊，使脊柱保持正常生理曲線。切忌不可以彎腰駝背，使人感覺毫無精神，沒有氣勢。

- **站姿性格特徵**：站立時將雙手握置於背後的人特點是奉公守法，尊重權威，極富責任感，不過有時情緒不穩定，往往令人莫測高深，最大的優點是富於耐性，而且能夠接受新思想和新觀點。站立時習慣把一隻手插入褲袋，另一隻手放在身旁的人性格複雜多變，有時會極易與人相處，推心置腹。有時則冷若冰霜，對人處處提防，為自己築起一道防護網。
- **雙手置於胸前**：站立時兩手雙握置於胸前的人性格表現為成竹在胸，對自己的所作所為充滿成功感，雖然不至於睥睨一切，但卻躊躇滿志，信心十足。站立時雙腳合併，雙手垂置身旁的人性格特點為誠實可靠，循規蹈矩而且生性堅毅，不會向任何困難屈服低頭。
- **雙腳腳跟靠攏**：女性的雙腳腳跟在站立時，應該靠攏。腳尖距離十釐米左右，張角為45度呈V字型。兩隻腳應該一前一後，前一腳的腳跟輕輕靠近後腳，將重心擺在後腳上。兩腳不能分開或成為平行狀，也不能將兩腳重心擺在一塊。女性如果穿高跟鞋會比較能夠展現站姿魅力，如果穿上運動鞋就沒有這樣的效果。
- **雙膝應該挺直**：東方女人常常為了膝蓋不夠美而傷透腦筋，事實上職業服就是應該裙擺遮過膝蓋才算是有禮貌。一般人習慣上是會將右腿擺在前面，這樣可以遮住一隻腿的腿肚，而且避免雙膝裸露的尷尬感覺，特別是斜站的時候，這樣的姿勢將會使得女性腿部更為修長。

- **雙手站立放置**：女性的雙手在站立時候，可以放的位置很多。標準站姿時，雙手可以交叉放在身體前面，或者交叉放置在身後。但是絕對不能勾手或是捏手指，那會給人感覺小家子氣。也可以單手放置身後，或是雙手自然垂下在身體的兩旁。右手托腮，左手縛住右手手肘也是很不錯的姿態，但不得交迭雙手在胸前。
- **抬頭挺胸縮腹**：想要觀摩最美的站姿，就要向空服員或者舞蹈家學習了。他們的基本功夫就是亭亭玉立，也就是站的穩又站的自然有風采。關鍵是美女們的站姿一定是挺起胸，不要怕這個基本動作，這樣站好才能縮起小腹。如果能夠每天用背部貼著牆面站立十五分鐘，並且配合呼吸，就能夠漸漸矯正站姿。
- **何謂3/4步站姿**：這是女性最理想的站姿，就是將左腳的腳跟輕輕靠攏在右腳中間約3/4的位置，上半身維持向著正前方；或是相反的將右腳的腳跟，靠攏在左腳的3/4內側的位置。雙手可以交叉輕握在身體的另一側，保持一種自然平衡雙S的美麗姿態，這也是照相時候的最佳美姿。
- **下顎應該收起**：無論何時何地，保持美姿美儀的方法之一就是保持雙肩平衡和下顎收起。頸部必須挺直而目光要柔和的直視前方，臉部保持一種似笑非笑的面容。這是很上乘的模特兒站姿，給人一種高貴自信的感受。無論各行各業的櫃台人員都應該儘早練習這樣的姿態，將會帶來客人對於接待不一樣的感覺。

女性的儀態，在禮儀上來說，能夠美好呈現自信與大方的氣度，是非常重要的精神指標。站著如果身上還帶著東西，例如手包或手機這類物品，那就更要注意持物的原則，拿著東西站著，更容易顯示一個女子的儀態。

最常見的是拿著皮包，這時候請注意，皮包的肩帶如果可以調整，就表示用來背著的；如果是沒有可以調整的扣環，那就表示這個皮包是用來提著的。提著的包包有時候肩帶也很長，但是這樣的皮包如果背在肩上，皮包的部位就會到了腋下，那就給人是不對稱的感覺了，應盡量避免。

相同的道理也可應用在拿著雨傘的時候。不下雨的時候，您的雨傘該怎麼拿在手上呢？正確答案應該是把雨傘的手把向內鈎在手上，而不是將鈎子鈎在向外的位置。如果是進出汽車，則雨傘要放在車外先收傘，然後再進來車內。如果是可以收起的雨傘，不下雨就要收起放在隨身包裡，這才使自己不會全身都掛滿了東西，看來很淩亂。

最後要注意的是，當您把外衣或是外套披在身上出現的時候，多半會給人一種不正經和隨便的感覺，這種披衣的站姿是不可取的，除非你披的是披肩或者是圍巾，否則最好不要用這種站姿出現在人群之間。

至於男性的站姿呢？

男士的站姿不但要優雅，給人穩重的信賴感，還要自己感覺舒適。最重要的站姿是肩部平衡，兩臂自然垂下，腹部緊收，挺胸、抬頭，不要彎腰或垂頭，不要有萎靡或頹喪的樣子。兩腳的位置為求穩重，可略微分開，大約與肩膀同寬，雙手則呈半握拳的樣子最好看。

- **抬頭挺胸縮腹**：男士站立時要挺直背部，縮回下頷並伸長後頸。雙往後拉，兩側平衡對稱，挺起胸部，收縮小腹，使下背變平。如須長時間站立的工作，可以在腳下方放一小矮凳，兩腳輪流踩在上面。高個子的男士要注意不可彎腰駝背。身材略胖的男士則要收起小腹，不可突出。
- **兩腳分開站立**：兩腿交叉站立會給人輕浮的感覺，而且也是一種防衛性的訊號。另外以一隻腳裸緊靠在另一條腿上，並且以腳尖或腳掌站立，也會給人缺乏自信或者是緊張的感覺。採用開放式的姿態，也就是兩腳分開，兩腳成正步或一前一後，抬頭挺胸的眼睛直視前方，則會給人坦率和自信的感受。
- **雙手放置位置**：很多男士在站立的時候，會將雙手放在褲袋裡面，這是錯誤的示範。如果在演講時候，感覺非常緊張，可以短暫時間將右手或是左手插在褲袋，但是長時間站立，將手放置口袋會有輕率的感覺。相反的，如果把手插在腰間，則會有一種輕率的感覺。特別是女士在場，更不適合。必要時可將單手放置背後。

- **重心落於腳掌**：男士站立時候除了挺直收腹之外，還要略為收起臀部。兩腿要直，膝蓋放鬆，大腿稍微收緊上提，身體重心落於前腳掌上。站累時，腳可以向後撤半步，但上半身仍須保持正直。謹記男士站立時，雙腳可以微微張開，但絕不能超過肩寬，以免給人很俗氣又不穩重的感覺。
- **高爾夫球站姿**：男士如果練習高爾夫球，就會練習非常好的站姿。這是指瞄球的姿態和形態。從身體正面看去身體左半邊應比右半邊得高，左手與球杆連成一直線，雙肩與雙手成三角形。從側面看去除膝部微彎之外，腰部更要向後彎，即腹部向後收，使上半身成三十度之傾角。背部脊椎應打直，下巴應抬高讓肩膀容易轉動。
- **搬運或是提物**：男士如果要搬運或是提物的時候，標準動作是先蹲下，雙手搬穩物品，然後慢慢站起來，再用膝蓋與雙腿力量舉起重物，讓物品要儘量靠近胸腹，上身須挺直。接遞物品的時候也要注意，雙手在身體前面中央接物，背部挺直，眼睛直視送物者的眼睛，面部要帶有微笑。
- **上下樓梯姿勢**：上下樓梯時，雙腳腳掌必須完全踏入梯階內，而非懸空在梯階之外。上樓梯時，男士應讓女士先行，抬頭挺胸，有必要時要手扶樓梯的把手，直到走完階梯，到達平台為止。下樓梯時候亦同，但是應該自己先下，女士尾隨在後，不得拱背或是彎腰，保持一定的風度與氣勢。

・**工作台的站姿**：如果工作台太低，則必須彎腰駝背工作，造成頸部與腰部過度彎曲及疼痛，如果太高，則必須吊頸聳肩外展上臂，而造成頸部與肩部的酸痛。依所從事工作所需的體力與視力需求不同，工作臺面高度需做適度的調整。例如從事粗重作業或巨大物品時，低於站姿手肘高15～20公分。如簡易組件裝配，低於站姿手肘高10～15公分。而精密裝配作業如焊接電子線路板等，高於站姿手肘高5～10公分即可。

男士站立的時候，問題最大還是挺不直，也站不穩，總是給人一種飄忽的感覺。理想的站立會給人一個良好的風範，尤其是在人多的公共場合，只要是能夠站立的穩重，也就是中國人說的立如松，那即使是一個小人物，也會給人是個能夠成大氣候的人物。

下意識的小動作也會給自己扣分的！歪頭縮腦、聳肩含胸、歪腳抖腿、雙手抱胸、插入褲兜、玩手機或打火機、香煙盒或者撫弄衣角，這類的小動作不經意就會透露出你的肢體語言有毛病。

理想的走姿

陳美雪老師曾經分享一則在「優活健康網」上的新聞，標題是〈臺灣人常見的錯誤體態〉，內容報導是這樣的：

在臺灣，特別是上下班尖峰時間，許多上班族走路方式是很「多元化」的：有腹部突出、走路呈外八字形的，有肩膀一高一低、走路時左右晃動的，有彎腰駝背、突腹翹臀的，有踏步時腳底輕微抖動的……。我在搭乘電扶梯的時候，也會觀察站在我前面的人的鞋底，十個人當中，大概有八個人左右兩邊的高度相差很多，或是鞋跟被磨得很嚴重。這些問題，都是很常見的「錯誤體態」。

觀察報告是脊椎骨神經科醫師黃玉如所提出的，她說我們每個人每走一步路，骨盆、髖關節、膝蓋和腳踝就要承受一次身體的重量。脊椎和骨盆，除了在行走時需要支撐上半身的力量之外，不論站立或坐著，也都處於受壓的情形，而其中，又以骨盆帶對於人的姿勢最為重要。骨盆帶是支撐人體重心的中心點，所以如果骨盆的位置傾斜，第一時間會反映在走路、站立、躺臥各種姿勢上面。

不知道您有沒有習慣檢查一下子自己的鞋底，兩隻鞋子的鞋底如果磨的不均勻，那麼您的走姿就需要修正了。錯誤的走姿不僅是好看不好看的問題，並且還會造成健康上的毛病，這是一般人所沒有注意到的。許多酸痛、骨刺的原因都是來自姿勢不正。

黃醫師說，當脊椎有問題的時候，初期階段還不至於產生很大的不適感，主要的改變是在重心的轉移。此時，身體會先用自己的「自癒力」嘗試解決，也就是用另一個區塊的力量，來輔助身體較為虛弱的區塊。過了一段時間後，身體會習慣這個錯誤的方式，於是那些些微的不適感（有時候甚至只是變得比較容易疲勞而已）就會慢慢的消失，但是這時候身體用力的方式和施力的肌肉群組已經有所偏差，所以會影響到站立姿勢、走路姿勢和脊椎的位置，體態和姿勢自然就會變得奇怪。

換句話說，當您走路一歪一斜的，在街上雖然沒人注意，您的鞋子和脊椎卻都已經注意到了，並且已經為這些隱藏的毛病付出了代價。黃醫師指出：

> 再過一段時間，身體才會出現比較嚴重的「警訊」，例如較頻繁的酸痛、頭痛等，通常我們還是會忽略這些訊息，以為跟先前的情形一樣，不舒服的感覺會慢慢消失。等到時間拖久了，疼痛的感覺越來越嚴重，我們才終於開始正視脊椎的

問題。但是因為長期受力的不完整，脊椎的弧度、關節和骨骼早就已經變形，所謂的退化、老化、骨刺等，就是這個原因造成的。

這時候後悔已經很晚了，小小的姿勢不良，走路的不注意，居然也會造成這麼嚴重的後果，大概是一般人沒想過的吧！那麼，我們該如何保持好的體態，並且從走路的姿態上就開始注意呢？依照王承瑄老師的說明，走路要注意的要點如下：

- 應抬頭、挺胸、精神飽滿，忌手插入褲袋行走。
- 雙腳應筆直地走，腳尖朝前，切莫呈內八或外八字。
- 雙手自然垂在兩側，隨著腳步輕輕擺動，切勿同手同腳。
- 腰部應用力，收小腹，臀部收緊，背脊要挺直。
- 抬頭挺胸，切勿垂頭喪氣。
- 氣要平、腳步要從容和緩。趕路時，切勿走得氣急敗壞，儘量避免短而急的步伐，鞋跟不要發出太大聲響。
- 雙目應正視前方，不宜顧右盼，經過玻璃或鏡子前，更不可停下來梳頭、補妝。
- 切勿三、五成群，左推右擠，一路談笑，不但阻礙他人行路的順暢，更有礙觀瞻。
- 走路時不可邊吃東西。

•途中撞及別人，應說「對不起」，如欲超越前面行者，應側邊繞過，不可強闖。

女性如果想練就非凡的優雅走姿，最好的方式就是去學習舞蹈或是學習空服員的走姿，用一本書或雜誌頂在頭上，在不扭動上半身的狀況下，自然而又均勻的向前邁進。這樣的走路姿態，不緩不徐，的確是儀態萬千。以下的要點，您也可以常常練習：

•**練習走一直線**：開始練習走路的時候，先在地上劃上一直線，然後按照這一直線，開始練習慢慢走。雙腳要落在這一直線的兩邊，步伐不要太大或太小，保持自然就好，每天在街上走路的時候，也儘量這樣練習走直線，不要愈走愈快或者愈走愈偏，走路的時候眼睛要看正前方，視線不可落於地面上。

•**手部自然搖擺**：其次練習的是手部自然搖擺，左手配右腳，右手配左腳，在身體的兩側自然擺動，幅度不宜過大或誇張。如果手上持物例如皮包的時候，背的包包要跨在手臂上，若是小提包要拎在手上，背包要背在肩膀上，走路時候不可以左右晃動妨礙他人行動。雨天雨傘也相同，掛勾必須朝內側勾在手臂上。

•**臀部必須向上**：多數女性走路的最大缺點，就是臀部向下蹲下的走路法。這是最難看的方式，給人有不正經的感覺。走路應該利用胯股兩側向著左右伸展四十五度，上半身不動而下半身移動，這樣走路自然就會收腹提臀，當然如果配合呼吸的方法慢慢練習，那就一定有模特兒走秀的架式了。

- **腰部左右移動**：腰部能夠旋轉或是平行左右邊移動，會使得走路時候轉身特別漂亮，所謂回眸一笑百媚生，六宮粉黛無顏色，正是指這樣走路時後顧盼生姿的女子。當然我們並不鼓勵這樣的方法走路，但是萬一友人打招呼在身後，那就一定要遵守這樣的原則，練習腰部的靈活度吧！
- **低頭撿拾物品**：許多時候走到一半可能東西掉落，這時候如何自地面撿拾物品呢？首先是繞到這件物品的旁邊，雙腿蹲下身體，然後用單手將物件拾起，也就是不可以在這件物品的前面撿拾，否則容易將正面的領口給人看見，或者是裙擺打開給人非分之想。在餐廳吃飯如果掉了東西，則更需要注意形象。
- **離席表示敬意**：接待人員如果走進會客室奉茶點，在離開之前必須特別留意。首先將茶盤放在身體之一邊，彷彿拿一本書的感覺，其次要面對客人倒退兩三步，點頭示意表示要離席，最後才能轉身離去。千萬記住自己的背部不能給客人看見，以背示人是不禮貌的走姿。
- **走路避免噪音**：許多女士的鞋底經常發出高跟鞋的踢躂聲，這種聲音在任何場合都是不適合的。一方面這樣會干擾正常工作的進行，特別是進入正式的場合，以及會議人群眾多的時候，都因為女士的鞋聲進場，而引人竊竊私語或者是側目，這些都應該是避免的，選擇不太高的高跟鞋使得姿態優美即可，無須太過作做。

女性的一舉手一投足，都能適切的代表自己的身分地位，讓人感覺親切有涵養，進一步成為羨慕欽佩的對象，這難道不是賞心悅目而又令人激賞的時刻嗎？即使不在大型活動舉辦時候出場，平時能夠保持良好的風範，對自己的形象，也是非常有幫助的。

至於男士呢？男士走路時雙手應微微向身後甩，雙腿夾緊，雙腳儘量走在一條直線上。走路時腳跟先著地、腳掌後著地，並且胯部隨之產生一種韻律般的輕微扭動。正確的走姿應在正確的站姿的基礎上進行，正確的站姿、走姿將使頸椎、腰椎終生受益。

- **自信英姿勃發**：走姿正確自然就會流露出有自信、有精神的氣質，同時也給人專業的信賴感，讓人讚賞。因此應該抬頭、挺胸、精神飽滿，忌手插入褲袋行走。雙腳應筆直地走，腳尖朝前，切莫呈內八或外八字。雙手自然垂在兩側，隨著腳步輕輕擺動，切勿同手同腳。
- **腰部背脊挺直**：腰部應用力，收小腹，臀部收緊，背脊要挺直。抬頭挺胸，切勿垂頭喪氣。氣要平、腳步要從容和緩。趕路時，切勿走得虎虎生風、氣急敗壞，儘量避免短而急的步伐，鞋跟不要發出太大聲響。

- **雙目正視前方**：不宜左顧右盼，經過玻璃或鏡子前，更不可停下來梳頭、照鏡子。切勿三、五成群，左推右擠，一路談笑，不但阻礙他人行路的順暢，更有礙觀瞻。走路時不可邊吃東西。途中撞及別人，應說「對不起」，如欲超越前面行者，應側邊繞過，不可強闖。
- **上下樓梯時刻**：上樓梯時，必須將整隻腳踏放在梯階上，如果梯階窄小，則側身而行。上下樓梯時，身體要挺直，目視前方，千萬不要低頭只看階梯，以免與人相撞而發生危險。彎腰駝臂與肩膀高低不一都不可以。正確的步伐只要平時多練習，走出個人的儀態並不難。
- **內八字外八字**：男性走路最忌諱內八字或外八字，走路時候一定要將雙腿併攏，身體挺直，雙手自然放下，下巴微向內收，眼睛平視，走路時速度不快不慢，雙手自然擺動，步伐大小以自己足部長度為準。儘量不要低頭看著地面，彷佛要撿拾什麼東西的樣子。
- **行進間的招呼**：行進間遇見熟人，點頭微笑招呼即可，若要停下步伐交談，注意不要影響他人行進。如果有熟人是在你背後招呼，千萬不要緊急轉身，以免緊隨在後的人應變不及。

男士走路時的姿態，其實比身材更為重要，如果能夠勤加鍛鍊，走路步伐不要太過紊亂，保持一定的速度，並且將重心放在腳跟再來是腳心和腳掌上，這樣就可以給人留下良好的印象了。

理想的手姿

美好的手姿，可以替您在體態上大大加分，並有助於提升談吐儀態的自信。

在練習舞蹈時，老師們都會很認真地教導學生如何伸展自己的手掌。可別輕忽這個動作，因為伸展手掌對我們的身體是有很大的助益的。伸展的方法很簡單，就是要將十個手指用力的向前向外伸展，儘量用力到不可能為止。手掌要保持很好的柔軟度，這時可以用交叉手指的方式，向前向後的伸展。

在示範手姿的許多動作中，最簡單的就是把手攤平，大拇指張開，其餘四指併攏，伸出手臂向身體的右前方四十五度伸展出去，並且頷首說個「請」字。這個動作是最簡單的，但是十個人有八個都做不好，原因就是手指攤開的動作沒有習慣，所以看起來很不自然。

無論是展示、演講、唱歌、說話，良好的手姿都可以替自己加分。同時，雙手的姿勢，也會表現出您內心的想法或是個性。我在展示教學的時候，時常會給人看看那些名人演講的慣性動作，當一個人說話的時候，這些手姿是會極其自然地流露出他的意象的，只是當邊說著的時候，自己不會意識到自己的手姿已經透露出這些意象或想法。也因此，平時的練習太重要了，台上一分鐘，台下十年功，沒有一件事情是平白無故就可以得到的。

女性的手姿和男性最大的不同，在於女性可以用八字型，也就是兩個手掌交叉的形式，而男士則經常使用半握拳的形式，無論是站姿或坐姿，都必須加上手姿才能完整。女性的雙手互相交叉放在小腹下方，貼近身體。男士的虎拳坐的時候放在雙腿之上，站的時候放在在身體的兩側，這是很標準的手姿。

本章的重點，就是要提醒您，姿勢是何等的重要！年輕的時候，如果我們不能養成好的習慣，到老的時候，就很難有好的體態，等到感覺自己是未老先衰的時候，再來矯正自己的肢體動作可就悔之晚矣！還是趁著年輕就好好鍛鍊吧！

重點整理

- 女士的坐姿有三個重要的原則，第一是膝蓋不能分開。第二是兩手要在膝蓋上成八字形交叉。第三儘量不翹二郎腿。
- 體現正確的姿態與儀態，在每個工作崗位上，都會比較受人尊重。
- 不同的場合女性可能要換用不同的坐姿，但是原則上背部挺直，膝蓋併攏是最需要注意的地方。雙手成為交叉的八字型最美，無論哪一隻手在上面都沒有關係，但是放在身體的側邊或中間都是很好的姿態。
- 站立的最大問題就是站不直，有的人背挺不起來，有的人腰挺不起來，還有的人下巴不知道要向後收攏，還有的人雙肩放鬆不了，這些原因多半是缺乏自信。
- 女士站立最好是雙腿併攏，雙手位置輕放兩側或互握於前。切忌不要拉衣角，互握時手部不要搖動。女性單獨在公開場合亮相的時候，可以採用3/4步站立，膝和腳後跟應該緊靠，身體重心應該提高。女性站立的時候，眼光不能左顧右盼，應該儘量以正前方平視，面帶微笑為原則。

第二部

完美魅力，來自於內在能量！

第九章
開始規律且充滿活力的生活

千萬別熬夜！

如果問我什麼是青春的最大殺手，我一定毫不猶豫就回答：熬夜。相反的如果有人問我說，你為什麼看起來這麼年輕？我的第一個答案也會是說，不熬夜。規律的生活，是維持年輕的最好良方。

多年來，我都是十點就準備上床睡覺的，上床後大約看半小時多一點的書，讓頭腦沉澱下來，再想想今天的事情，和明天該做的事情，很自然的就能入睡。除了晚上有非常特別的應酬，我會晚些上床，最遲也不會超過十二點，否則我是不會破例熬夜的。我一直以來養成習慣，就是如此。習慣成自然，也是個好習慣。

年輕時我也有過失眠的問題。那時工作很焦慮，問題很多，每天回家躺下來就會想很多生氣的事，真的睡不著，瞪著天花板，自己腦子一片混亂，也不知道自己到底在想什麼。後來，我想出一種方法來對付這個毛病，那就是坐起來專心想個夠，然後拿支筆寫下自己心中在煩惱的事，以及該如何面對這些問題。等到把問題的答案或者結果都想通了，就可以好好的睡下，並且對自己說，這件事明天就這麼做吧！就這樣，在紙上寫下每件事情的答案，然後像清道夫一樣的都倒在紙上，事情就彷彿已經解決了。畢竟，眼前的問題絕對不是一輩子的問題，何苦自擾呢！

這個方法的效果很好，因此我便告訴自己，以前三天才能想通的事情，現在我要三個小時就想通，到後來，我要三分鐘就想通。以往我解決問題要一個禮拜，後來三天就解決了，最後三小時就解決。現在呢，我都就地就立刻解決，免得給自己留個麻煩，睡不著。

也因此，只要有麻煩的事情，我絕對不碰，以免給自己找麻煩。這些事情都與感情、錢財、地位、人情有關，能免就免。省了很多的麻煩事情，當然也就不會睡不著。如果真的遇到想不開的問題，最好拿一把尺，把問題的兩頭都拉開，徹底找出很多方案，再一個一個剔除不可能的，就可以逐漸得到真正可行的答案。

人之所以不願意面對自己，多半是因為希望有更圓滿的答案。如果能把分數降低一些，那就很容易達成，也就不容易失眠睡不著了。所以，面對它，放下它，就是最好的治療方法。人的問題多一半都是猜測出來的，因為自己太聰明，想出千百種不對的鬼胎，所以事情反而更難解決。

有些人覺得自己到了晚上精神特別好，因此非得藉著夜深人靜，才能有精神、有效率地做事。其實未必需要如此，人的效率是可以鍛鍊出來的。現在的人，最需要的是「集中」的能力——集中、專注心力在一點上，而不是分散許多心力在許多事情上。只是能夠專心的人很少，讀書專心，寫字專心，看電視專心，工作專心，走路專心，這樣的人實在太難得了。許多人做這個想那個，又要這個又要那個，當然就會難以專心，六神無主了。

早睡早起，有想像不到的好處！

在家裡，早上我常被隔壁的鬧鐘吵醒，雖然隔著個院子，隔音的效果不是特別好，也許鄰居認為一個鬧鐘不夠，有時候還把第二個鬧鐘也設上。聽說有些人要三個鬧鐘才能起床，這些人的一天開始的都很焦慮，因為自己的睡眠頻率不斷被打亂，這樣的一天開始的很難受。

日本人發明一種用音樂喚醒人類起床的方式，是比較人性化的。也可以把鬧鐘設定為自己喜歡的音樂，或者是收音機裡面的節目，這樣至少不會在一天的開頭就被一種很刺耳的鬧鐘音樂所吵醒，每當房間裡面充滿了悠揚的樂曲時，這新的一天就會有清新的感覺。

早睡早起對於現代人而言，簡直像是天方夜譚，或者是一種奢侈品。但不知您是否曾有過這樣的感覺：如果您有一天需要特別早起，譬如說趕搭飛機，那天早起的時候，是否曾覺得早晨空氣特別清新、特別充滿朝氣？那種體會到萬物復甦的感覺，與您在晚起後匆匆趕去辦公室的心情，是絕對不同的。

我的習慣是在出門前約一個半小時以前起床，才能擁有規律的早晨生活，即使現在客居北京，也都如此。起床後先做晨禱，這是基督徒的早課，讀聖經和聽聖樂，然後才開始一天的生活。梳洗之後先在房內做養生操，這是經絡伸展運動，然後在穿好運動裝去晨跑。大約半小時回家後，預備早餐，這時候會聽音樂，直到九點鐘開始一天的工作。

以前白天要上班的時候，早上會花比較多的時間穿衣和化妝，我的習慣是先準備好隔天要穿的衣服，然後花大概五到十分鐘化妝，髮型也要整理好。其實不需要花上太多的時間打理，但是出門前一定要整齊好看，並且要符合職業的需要。

睡覺前的半小時，如果能夠保持寧靜，會有很好的美容效果。可以趁這睡前的半小時敷臉、聽點音樂、看看書，或是做點簡單的舒緩運動、泡泡腳、寫日記，或是把自己今天的事情規整一下。這段時間是適合靜下心來好好想事情的，讓心情也歸於平靜，也有助於入睡。請記得，規律的生活，不僅可以讓您保持身體的健康，更有助於讓您青春常駐。

睡得不夠，根據皮膚科醫師吳豔副教授的研究，容易導致掉髮。她認為，每天睡眠不應該少於七個小時，且最好在晚上十一點以前入睡，否則會影響身體的神經內分泌系統，導致或加重原有的掉髮。現在有很多人，尤其是男士，都有掉髮的困擾，一方面與遺傳因素有關係，但是平時工作壓力大，生活不規律，也是導致掉髮提前出現和嚴重程度增加的重要因素。想要改善這個情況，應該也要從改變自己的生活習慣開始。

除了掉髮以外，其實睡眠不規律會帶來最大的問題，是精神萎靡，白天上班情緒不佳，以至於工作效果不彰，事倍功半。

請及早養成早睡早起的習慣吧！如果實在是遲睡已經成了習慣，那就採用漸進的方式來改正作息。每天提早十分鐘到十五分鐘上床，提早十到十五分鐘起床，慢慢地修正，大約半年以後，可以達到大約十一點半以前睡覺，早上六點半以前起床。您將會發現早睡早起的好處，畢竟身體是自己的，如果能夠工作效率提高，而且又能夠逐漸年輕有活力，何樂而不為呢！

改掉不良習慣

不良生活習慣每人多多少少都會有，可是習慣成自然，自然造成命運，如果不能認清自己的壞習慣，並且很執著的堅持要繼續下去，那實在是給自己找麻煩，也給他人添憂慮。除了前面的早睡早起以外，現代人常見的壞習慣大概有以下這些：

1. 不愛吃早餐：不吃早餐的人容易疲勞，容易老化，這是眾所周知的事情。俗話說，早餐吃的好，中餐吃的飽，晚餐吃的少。這就是養生之道，也是美容之道。
2. 愛抽菸：有好多朋友都愛抽煙，的確是看來容易老。吸煙對身體的壞處從以前就說的很多了，例如容易導致心血管病變，同時也讓臉上容易出現皺紋。
3. 喜歡煎炸的食品：高油炸的食品不僅容易引起氣喘，對於皮膚也有不良的影響，青春期常有長痘痘的煩惱，並不是沒有原因的。
4. 吃的太飽：吃的太飽會使人注意力不集中，這大部分的人都知道；晚餐吃得太飽，會使體內血脂增高，影響腦脂肪代謝，使人未老先衰。

5.睡前不洗臉：留在臉上的化妝品沒有洗乾淨，容易引起粉刺，也會引起皮膚過敏。醫師說，皮膚在三十五歲左右，就會開始就會老化，老化雖然與遺傳基因有很大的關係，但是與生活環境也是息息相關的，像是環境污染、日曬，都是讓皮膚過早老化的殺手。其它因素像是緊張、壓力、飲酒過度，都是影響甚鉅的。日曬後的皮膚會產生較厚的角質層，降低皮膚的透明度和光澤感，同時還會造成真皮內膠原蛋白及彈力纖維的變性和斷裂，皮膚暗沉與斑點皺紋就會因此而產生。

從前我不愛喝水，因此皮膚到了冬天，就容易因為乾燥而發癢、甚至脫皮，即使每天塗抹大量的乳霜，還是免不了皮膚快速的老化。自從改掉這個習慣以後，狀況就改善了很多。此外，我從前也懶得撐傘，所以只要夏天一來，就成了紫外線的受害者。陽光中的紫外線穿透力很強，長期曝曬會導致皮膚的組織結構改變，並開始產生乾燥、角化、粗糙、深層皺紋等老化問題。這種傷害是日積月累的，從幼兒時期到成年，雖然每日僅曝曬短短的時間，但是所造成的老化損害是非常可觀的。老化在三十五歲就已開始，到四十歲之後症狀出現後，皮膚組織其實已經受到不小的傷害。

有些人不愛刷牙，不只露出牙齒時不美觀，且口氣也不好。這樣的人，要如何給人留下好印象呢？牙醫公會所公佈的正確刷牙方法，稱為貝氏刷牙法，方法雖然複雜，但卻是最好的刷牙方法，要點如下：

1. 使用軟毛小牙刷
2. 頰側牙面用同側手刷，舌側牙面用對側手刷，咬合面用同側手刷，前牙用右手刷。先刷上牙，再刷下牙；右邊開始，右邊結束。
3. 刷毛與牙面成45°~60°，涵蓋一點點牙齦，兩顆兩顆來回的刷，約十次。
4. 刷牙要有次序性，避免遺漏，若從左邊開始，應從右邊結束，外面、咬合面及裡面，每個部分至少刷10~20下。
5. 刷牙或使用牙線時，都要對著鏡子，才看的見操作時，是否正確無誤，一天至少清潔口腔兩次（餐後、睡前），因為牙菌斑會不停滋生，即使不用餐也得潔牙，每次吃完東西都應該刷牙。

現在有不少人熱衷於牙齒美白，但近來有牙醫師主張美白容易傷害牙齒表面的琺瑯質，因此還是要三思。牙醫師邱威智說，牙齒變色的主要原因是吃了含高色素的食物或飲料，如茶或咖啡，易造成牙齒表面變褐或黑。另外吸煙或嚼食檳榔者常會造成齒頸部，尤其是舌側面的深褐色染色。由於飲食習慣造成牙齒表面色素沈積，若加上年齡增長，牙齒表面的微小裂隙相對增加，使色素滲入更深層的牙本質結構，造成深度變色；或是，隨著年紀的增加，因為牙釉質磨損變薄減少了透明層，加上色澤較深具保護機轉的修復性牙本質產生，因而使得牙齒顏色加深。

如果想要嘗試牙齒美白，以下是現在比較常用的方式：

1. 利用超音波去除牙齒表面的附著物，來達成牙齒美白的效果。
2. 初期蛀牙或發育性染色斑點，使用磨亮膏或打磨鑽針來完成表面磨光的工作，再塗氟處置以保護牙齒表面。
3. 利用過氧化氫、過硼酸鈉、碳醯胺過氧化物等，藉由氧化作用把沈積在牙齒表面上的有機色素分解來改善牙齒的色澤。
4. 利用橡皮障或牙齦保護劑等方式下，把30~50%的過氧化氫藥劑均勻塗布在牙齒唇側面，再以不同光源照射進行漂白。
5. 套取齒模，製成個人專屬牙托，然後遵從牙醫師指示把漂白藥劑置於牙托內自行在家中配戴，每天配戴八小時，來達到漂白牙齒的作用。

最後一個壞習慣就是現代人對於飲料的依賴性過大，很多人一天都少不了含糖含色素的飲料。我因在食品業服務過，對於飲料的成分都略知一二。市售的各種飲料都含有高糖和少許的色素，有的還具有刺激性或是興奮劑，喝了雖然是一時會很亢奮，但是對身體真的不好。可惜多數人對飲料知道的不多，再加上廣告的促銷，所以就會每天拼命往肚子裡面塞，而不知道這樣有多不健康。

即使是像咖啡和茶，最好也是有個限量比較好，尤其是如果家族有心臟病史的人，更要注意。

花些時間，檢視自己的生活習慣，是否有需要改善的地方呢？不良的生活習慣，不只會影響您的外在形象，更重要的是可能會影響您的健康，因此從今天就開始著手改善吧！

「極簡生活」的實際應用

忙碌的現代人，很多人出門前都不太有時間打理自己的形象，有些人甚至洗把臉就出門了。看在他人眼裡，很有可能會認為這是一個連自己都無法管理好的人，又怎麼能交予重責大任呢？

歸咎不能好好打理的原因，其一可能是東西太多，不知道如何選擇，乾脆就不選擇了。比方說，衣櫥裡面塞滿了衣服，出門反而不知道穿那件，架子上書太多，也不知道該看哪本？生活的物品太多，搞得自己不知所措的人大有人在，「多」的結果是「亂」，造成自己和別人都沒有寧靜清靜的空間。

但仔細想想，我們生活中到底需要多少東西？每天只能穿一套衣服，可是都會有好幾倍的衣服和鞋子。我剛搬家的時候，東西非常的少，但現在只不過一年多的時間，家裡的東西已經累積到需要一個小貨車才能搬完了！我已經是個盡量簡單化的人了，如果是東西更多的人，要怎樣清掉多餘的，留下有用的，恐怕就更不容易了。

「輕薄短小」的時代早已經來臨，但是真正實施起來，還是離目標有很大的距離。主要原因是人類取捨的觀念，多數還在怎樣「取」，少數人才懂得「捨」。簡化作業的方式其實一點也不複雜，只不過是「分類」和「銷毀」兩件事情而已。千頭萬緒的事情，只要是分類得宜，很快就會組織起來。至於那些無法組織的，就要立刻銷毀，否則就是會為了一些例外，讓我們不知所措，又把自己複雜化。分類的時候，類別愈少愈好，否則就不算是分類。

舉例來說，利用資料夾來整理自己的檔案，可以重新修改，把各種資料先做好大分類，並且不要頭重腳輕，有的資料夾空無一物，有的達到飽和頂點。類似的觀念也可以用在抽屜或是衣櫥裡面，用分類的觀念整理成為不同的區隔，這就不只未來在找東西的時候省時省力，而且會找到那些根本很少用的，就可以進行「銷毀」。

或許很多人會說，我好忙啊，哪有時間整理？這就是答案了！因為「混亂」與「複雜」就是忙碌的根源，如果沒有徹底根除「亂」、「雜」這樣的觀念，就永遠在充滿忙亂的日子和系統裡面打滾，要知道磁場就是這樣，一旦進入了井井有條的地方，就會極有秩序，快速高效。一旦進入了雜亂無章的環境，人人都像進入迷宮，走進了死胡同。

因此，簡單的把一件事說完，就是要用以下的步驟：

一、說話要先想好再說
二、回答要知道重點和關鍵
三、講話要要言不煩
四、講話要抓緊時間
五、聽清楚了再說
六、沒有必要不必說

簡單的把一件事做完，就是要用以下的步驟：

一、先分類，再按照優先順序去做
二、無法分類的就捨棄不要繼續
三、找尋他人同一件事情最好的方法

四、設法砍掉不必要的過程與步驟
五、沒有必要知道的人不必參與
六、運用e化的原理，但是無須添加更多功能

簡單的把一件事想完，就是要用以下的步驟：

一、取捨到底孰重孰輕
二、拼命想直到想出答案為止
三、把理智放在感情之上
四、擷取書上的知識和他人的智慧
五、學習有邏輯的思考方式
六、想不出來乾脆忘掉

仔細想想，以下這些事情，是不是經常發生在我們身邊呢？

- 手機的功能愈來愈多，眼花撩亂，但是最常用可能還是那幾個功能而已
- 筆筒裡有好多枝筆，可是拿出來用的沒有幾枝，其它都成了裝飾品

- 衣櫥裡面衣服沒有地方放，可是出門的時候，總是找不到合適的衣服可穿
- 書架上的書真的還不少，可是要看的書好像找不到？
- 今天同事請假代班，他說的那份資料怎麼也沒看見？
- 主管召集開會，靜靜坐了一個早上，好像沒聽到什麼了不起的話，真想睡……
- 個人存款沒多少錢，可是存摺卻不少，東一本西一本，擔心掉了怎麼辦？
- 這本書怎麼這麼厚，要讀到什麼時候才看的完？
- 這張單子怎麼這麼複雜，要填這麼多東西，需要知道這麼多才能申請嗎？
- 年終掃除的時候，才發現裝飾品和擺設佈滿灰塵，一年都沒動過瞧過……

這些複雜的事物，就是我們煩惱的由來。如果我們有三條領帶，出門只要選一條就行，可能只要五秒鐘就可以搞定；但是如果我們有十條領帶，還是只能選一條，那可能需要十秒鐘才能選完。人生的時間有限，要做的決定大小不一，如何能做最佳的選擇，是需要些智慧的。

如果沒有電話和電腦，我們就不能上班工作了！可是有了這兩樣工具，我們的工作也變得更複雜了。想想看，在電話裡我們都談了些什麼？手機的功能這麼多，可以用到的有多少？電腦打開有多少垃圾郵件？每天用LINE聊天，我們真的講了很多有意義的

事情嗎？

這就是柏金森理論（Parkinson's Law）：時間和空間都會被我們填滿。因為我們有了很多時間可以開會，可以打電話，可以想東想西，所以我們可以不知道約束，任由時間一分一秒的溜走；因為我們有了免費的空間，所以我們不斷的塞塞塞，直到裝不下為止，自己的抽屜，衣櫃，電腦的容量，身邊的USB，由MB到GB的時代，好像只花了一瞬間。

李伯恩斯（Lee Burns）是美國加州大學洛杉磯校區建築及都市計畫研究所教授，他曾在這麼寫過：

> 對現代人而言，悠閒已是陌生的名詞，時間總嫌不夠，每個人就像停不下來的陀螺般，成天在忙碌的軌道上打轉。科技不斷提升效率，人們理應有更多空暇，然而，情形卻難如所願；由於時間預算有限，想做的事卻無限，人們在追求美好生活的同時，反而與之愈離愈遠。

所謂的「時間分配黃金定律」，探討的是人們用什麼方式，才能將時間分配得更好。人們都希望，在所從事的活動時間內（用T來表示），能夠帶來最大的滿意（用S

來表示）。同時，人們也不斷提醒自己，一天只有二十四個小時。時間和滿意度同等重要的情形下，我們便要求：在選擇做什麼、什麼時候做，其活動的時間滿意比例（用S／T來表示）是最高的。如果能讓時間滿意比達到最高，生活就會更加充實。

因此，無論我們做什麼，睡覺、煮飯、購物，任何活動都有時間滿意比，「時間分配黃金定律」就是：把時間花在時間滿意比最大的活動上。問題是，當科技發展帶來更多便利時，人們卻意外的發現，對「目前生活方式」表示滿意的人，仍然常常抱怨時間愈來愈不夠用。人類有了更多的選擇之後，就必須判斷何者是更好的時間分配法。

決心把今天投資在明天，不管是高科技、維修房子、光速旅行，或是其餘以未來為著眼點的決定，其最大關鍵在於，我們是否願意把在今天就可以獲得的利益，延到明天享受。經濟學家所稱的「貼現率」，就是把未來的時間變成現在。

在本章的結尾，我們不妨多多想想，人生的追求難道只是那些家裡無用的雜物嗎？收拾一下不要的東西，減輕身上和櫥櫃裡面多餘的物品，「瘦身」的概念不只是在身材而已，同時也是身外之物！

重點整理

- 青春的最大殺手就是熬夜！
- 人之所以不願意面對自己，多半是因為希望有更圓滿的答案。如果能把分數降低一些，那就很容易達成了。
- 人的問題多一半都是猜測出來的，因為自己太聰明，想出千百種不對的假設，所以事情反而更難解決。
- 現在的人最需要的是「集中」的能力——集中心力，專注心力在一點上，而不是分散許多心力在許多事情上。
- 「輕薄短小」的時代早已經來臨，但是實施起來，還是有很大的距離。主要原因是人類取捨的觀念，多數還在怎樣「取」，少數人才懂得「捨」。
- 「時間分配黃金定律」探討的是我們該用什麼方式，才能將時間分配得更好。任何活動都有時間滿意比，「時間分配黃金定律」就是：把時間花在時間滿意比最大的活動上。

第十章
開發身體的潛力，就是內在能量的來源

用最自然的食材，吃出健康

說到養生怎麼吃，恐怕要用專書才寫得完了。俗話說「藥補不如食補」，自古以來，總是有各種秘方教人如何吃得更健康、更年輕。其實不需要太刻意，如果能夠有均衡的營養，吃正常的三餐，再加上適當的補充，就已經很足夠了。

畢竟本書不是專門探討養生食補的書，因此以下提出一些個人的習慣和專家的建議，您不妨從簡單的開始嘗試。

蜂蜜是我每天都會喝的保健品，都是和蔬果汁一起喝。蜂蜜的效果很多人都知道，價格也不貴，效果特別好。蜂蜜的好處除了有調節腸胃功能，還對週期不順、更年期不適症都有療效，此外對於美容、護膚和去痘、去斑都有療效。如果結合蜂膠、蜂王漿和蜂花粉，還能治療糖尿病、心血管、失眠，能夠抗衰老和抗氧化，是不可多得的美容食品，每個人都可以試試看。

醋是我喜歡的另一種食品，並且從小就喜歡喝醋，以前並不認為這是養生美容用的，直到長大才知道醋的妙用。除了飲用，用醋來洗頭髮，可以讓頭髮烏黑柔亮：方法是在洗好頭髮之後，再淨水中滴兩三滴醋，把頭髮浸泡一下，然後再沖洗一下，這樣就可以中和洗髮精的鹼性。此外，醋的妙用還包括：

- 在溫熱的洗澡水中，加少許醋，洗浴後會感覺格外涼爽、舒適。
- 將醋與甘油以五比一的比例混合，經常擦用，能使粗糙的皮膚變得細嫩。

醋還有保健與食療的作用，有降血壓、防止動脈硬化、和治療冠心病及高血壓的效果。用醋的蒸氣薰蒸居室也能殺滅病毒與病菌，防止感冒與傳染病。酒醉時喝一點醋可以醒酒。在食用大量油膩葷腥食品後，可用醋做成羹湯來解除油膩與幫助消化。

第三種我每天一定吃的食物是蕃茄，這也是便宜又保健的食材，生吃要比熟食要好得多，但是生吃番茄性寒，要視自己的體質而定。近年來，幾乎大家都知道番茄的茄紅素的好處，現在也有不少奈米茄紅素保養品系列，是時下正熱門的保健食品。其實除了番茄以外，胡蘿蔔裡面也有大量的茄紅素，茄紅素對人體而言具有非常重要的保健作用，具有強力的抗氧化能力，可以掃除自由基，有助於體內新陳代謝、調節生理機能，對養顏美容、維持健康很有幫助。

不久之前，朋友送我兩罐梅精，還有一本《養生梅精》，使我對於日本人喜歡吃的梅精產生莫大的興趣。據說日本人是長壽之國，與他們喜歡吃梅子有關，梅子是容易取得的食物，不僅可以治療傷寒、霍亂、下痢、腹瀉，對於便秘也有療效。根據《養生梅精》，一個人看起來年輕與否，與唾液所分泌的成分有密切的關係。唾液中的成分含有「腮腺激素」，也就是「回春荷爾蒙」，含有降血壓作用的成分，以及含有消滅致癌物的毒性成分，當一個人長期處於緊張壓力中，身心俱疲的時候，唾液的分泌就會失調。此時，如果食用梅精或是梅干，可促進唾液分泌，並有效預防皮膚老化，讓皮膚恢復年輕。梅精所含的檸檬酸，可以將體內的廢物清除，調整身體，消除便秘，改善粗糙皮膚，還可以治療青春痘。日本的伊藤均教授還說，每天如果食用三公克的梅精，就可以讓膽固醇在血液中沉澱，進而減少肥胖症。

此外，黃豆和大豆也是優質的食材。黃豆製品多數口感軟、味道溫和，是強健筋骨的優質品。可用來製作醋豆，方法很容易：將黃豆洗淨，瀝乾水，炒三四分鐘（注意別炒焦），冷卻後裝瓶，倒入食醋醃泡，加蓋封好，一周後即可食。大豆含有豐富的不飽和脂肪酸，能分解體內的膽固醇，促進脂肪代謝，使皮下脂肪不易堆積。

因為不喝茶，我只喝菊花茶，加上冰糖，風味很好。如果您和我一樣有心臟病的家族史，不妨喝個菊花茶吧！根據《神農本草經》記載，白菊花茶能「治療諸風頭眩、腫痛、目欲脫、皮膚死肌、惡風濕痺，久服利氣，輕身耐勞延年。」菊花對治療眼睛疲勞、視力模糊也有很好的療效，特別是常用電腦的上班族，睡前喝太多的水，第二天早晨起床眼睛就會腫得像熊貓一樣，用棉花沾上菊花茶的茶汁，塗在眼睛四周，很快就能消除這種浮腫現象。平常泡一杯菊花茶喝，能使眼睛疲勞的症狀消退，如果每天喝三到四杯的菊花茶，對恢復視力也有幫助。

全方位養生研究會提供了一份重要的養生食物清單如下，您可作為更詳細的參照：

全方位養生健康研究會參考資料

症狀	保健食物
養顏美容	胡桃仁、芝麻、香菇、桑葚子、黑木耳、金針、薏仁、木瓜、黃豆芽、葡萄柚、葡萄、草莓、奇異果、青花菜、酪菜花、酪梨、黃瓜、碗豆、柑橘、油菜、檸檬、豆苗、無花果、鳳梨、蘋果、銀耳、葵瓜子、冬瓜、冬瓜子、蕃茄、玉竹、紫芝、茯苓、白芷、大麥子、柿子、櫻桃、荔枝、落葵、白蘿蔔
體質虛弱	墨魚、海參、淡菜、鮑魚、魚翅、香菇、龍眼肉、紅棗、黑棗、桑葚、蓮子
高血壓	芹菜、枸杞頭、菠菜、茭白筍、菊花、蠶豆花、蓮子心、山楂、西瓜、荸薺、香蕉、柿子、黑木耳、葵花子、海帶、海蜇、青椒、奇異果、洋蔥

通經絡、降血脂	金針、木耳、香菇、大蒜、玉米鬚、大豆、四季豆、絲瓜、茄子、洋蔥、生薑、磨菇、海帶、海藻、海蜇、昆布、山楂、茶葉、奇異果
失眠、多夢	龍眼肉、紅棗、浮小麥、百合、蓮子心、各種乾堅果（如：杏仁、胡桃）、牡蠣、九孔、糖、金針、橄欖
咳嗽、氣管炎	絲瓜、冰糖、飴糖、杏子、杏仁、梨、桔子、枇杷、羅漢果、柿子、甘蔗、胡桃仁、百合、荸薺、冬瓜子、銀杏、蘿蔔、無花果、橄欖、白木耳、竹筍、蜂蜜、柚子、百果、苦瓜、洋菇
貧血	菠菜、芹菜、油菜、莧菜、蕃茄、杏子、桃子、李子、葡萄乾、紅棗、波蘿蜜、楊梅、橘子、無花果、魚、蛋類、豆類
心悸	紅黑棗、人參、糯米、龍眼、荔枝、薏仁、蓮子、菱角、玉米鬚、香菇
食欲不振	桔子、檸檬、烏梅、山楂、香菜、穀芽、麥芽、蘿蔔、櫻桃
潰瘍病	捲心菜、飴糖、馬鈴薯、五加皮、蜂蜜、生白蘿蔔不削皮、蓮藕、生豆腐、西瓜皮、糙米、薏仁、苦瓜、各種苦菜（如：芥菜、柳橙皮）
脾虛泄瀉、腹痛	蘋果、石榴皮、山藥、茶葉、蓮子、糯米、荔枝、芡實、藕粉
便秘	香蕉、梨、無花果、荸薺、芝麻、胡桃仁、杏仁、核仁、柿餅、海哲、桑葚子、馬鈴薯、竹筍、地瓜、紅蘿蔔、芋頭、牛蒡、蓮藕、芥菜、四季豆
肝炎	冬瓜、西瓜、玉米鬚、紅豆、鯽魚、鯖魚、鱖魚、五味子、泥鰍、金針菜、大頭菜、茭白筍
水腫、小便不利	芹菜、金針菜、萵苣、荸薺、竹筍、冬瓜、西瓜、玉米鬚、黃豆、紅豆、綠豆、黑豆、蠶豆、芒果、黃瓜、胡瓜、菜瓜、田螺、鯽魚、鰱魚、鯉魚、蛤蠣、
腰背足疼麻	桑葚子、胡桃仁、栗子、牛蒡、地龍、海參、鴿、豬蹄筋、鱔魚、鰻、泥鰍
慢性腎炎	紅豆、蠶豆、冬瓜、西瓜、空心菜、南瓜、砂仁、玉米鬚、鯽魚、鰱魚、鯉魚、鱔魚、羊乳、五加皮
各種出血症（流鼻血）	芹菜、蠶豆葉、薺菜、白木耳、烏梅、桃乾、柿子、石榴皮、花生米、百合、荷葉、蓮藕的根莖葉、菊花、茄子、蕃茄、茭白筍、莧菜、白紅蘿蔔、南瓜、菠菜、紫菜、牛蒡根

手足冷與麻痺	蔥、韭菜、生薑、茭白筍、胡椒、辣椒、九層塔、五香粉、花椒、芥菜、酒、洋蔥、海鮮、各種乾硬果
糖尿病	菠菜、山藥、南瓜、苦瓜、枸杞頭、豆腐、竹筍、荸薺、梨、白蘿蔔、蘆筍、糙米、桑葚、玉米鬚、甘蔗汁、羅漢果、胡蘿蔔、青椒、玉米、西瓜、柚子、蛤蜊、荔枝、鱔魚、牡蠣
發熱咽痛	蠶豆、綠豆、青菜、荸薺、茭白筍、蘿蔔、茄子、竹筍、蕃茄、西瓜、冬瓜、黃瓜、甜瓜、芒果、無花果、香蕉、菠菜、椰子、甘蔗、石榴、橄欖、藕、菱、蓮子心、膨大海、羅漢果、蜂蜜
口乾舌燥	白紅蘿蔔、蕃茄、西瓜、大小黃瓜、絲瓜、冬瓜、梨、荸薺、豆腐、苦瓜
頻尿	白果、淮山、各種乾果、人參、當歸、薏仁、蓮子、菱角、牡蠣
眼睛乾酸澀	苦瓜、枸杞、菠菜、韭菜花、青菜花、油菜、蔥、茶、胡蘿蔔、菊花茶、決明子、花生、葵花子、大豆、木耳、鮑魚
防癌、長壽	生食蘿蔔、芹菜、萵苣、高尹、蛋黃、黃瓜、蕃茄、蓮藕、辣椒、羊奶、動物肝臟、檸檬、緑茶、蔬菜、花菜、無花果、地瓜、蔥蒜、胡蘿蔔、菠菜、玉米、木耳、香菇、金針、鮪魚、鱈魚、海帶
益智健腦	蘋果、金針、蛋黃、蘿蔔、烏賊、桑葚、葵花子、人參、何首烏、阿膠、補骨脂、丹參、柏子仁、橄欖
骨質疏鬆	黃豆、豆干、豆腐、海帶、芹菜、小魚乾、大骨湯
減肥	冬瓜、黃瓜、綠豆芽、韭菜、白蘿蔔、醋豆、木耳、茶葉、薯芋、紫菜、海帶、薏仁、香蕉、蒟蒻
白髮、脫髮、頭皮屑	胡蘿蔔、黑豆、黑芝麻、蓮子、枸杞子、何首烏、菊花、蜂蜜、玉米鬚、當歸、海帶、葵花子、維生素E、奇異果、花菜、青椒、龍眼、桑葚
健胸	紅豆、綠豆、花生、蓮子、葵花子、木瓜、南瓜、絲瓜、芋頭、馬鈴薯、柑桔類、番石榴、蕃茄、草莓、紅棗、山藥、桑白皮、桔餅、洋蔥、花椰菜、甘藍菜、芹菜、韭菜、菠菜、金針、龍眼、冬瓜、萵苣、茭白筍、菱角、豆腐、蝦子、鯽魚、鯉魚、墨魚、魷魚、章魚、菠蘿蜜

長高	柑桔、胡蘿蔔、香菇、菠菜、沙丁魚、小魚乾、泥鰍 禁吃：竹筍、莧菜、扁蒲（瓠子）

運動的好習慣

一九九七年，當家母住院開刀的時候，有一天醫院的電梯人太多，我等的不耐煩，所以從一樓爬到十樓，不料才爬到五樓就氣喘吁吁了，心裡不斷想著，如果身體這樣差，將來怎能照顧老母親呢？所以從那時候開始決定每天都要早起晨跑，目前已經有十幾年都是這樣不曾間斷，早上如果沒有出門跑步，好像一天都不對勁。

荷重性運動對骨質較有實質上的幫助，諸如步行、騎自行車、徒步旅行、划船、跳躍、游泳、跑步、舉重、及背部伸展運動等。我起初跑步是先在自己的客廳裡面實驗，看看自己能不能跑，可以跑多久，怎樣跑才最好，那時候在客廳每天跑個幾十圈，直到自己認為可以出門就出去跑。

一般而言，空氣品質在大約早上五點五十分到六點半的時候最好，如果能在這個時段出門，是最好的。

剛開始練習晨跑，真的會上氣不接下氣，跑兩三圈之後心臟好像要停止了，喉嚨很乾，也幾乎喘不過氣。後來看書研究，才知道慢跑不能亂跑，要能把肢體與跑步的節奏調到一定的速度，才能好好的跑下去，大約是能在二十五分鐘跑完三點二公里就是最正常的速度。此外，慢跑鞋也必須要好好的選，否則會傷到膝蓋。

跑步最好的效果之一的是能夠將細胞充氧，也就是「有氧」。樹木中的芬多精能夠增加自己跑步的效果，所以能夠在樹林中慢跑那就更棒了。跑步的方法很多，我自己發明一種自創的跑步法，首先是慢跑，然後逐漸加快腳步成為快跑，然後雙腿交叉並且甩手跑，最後再恢復慢跑，我試驗過很長一段時間，效果好，可以運動到全身。

在出門跑步前，可以先做好暖身運動，才不會全身還沒舒展開，就直接進行高強度的運動。跑完步之後，再回家做敦煌養生經絡操，這是一套自初級到高級的練習操，是著名的敦煌舞老師諶瓊華的作品，對於無法鍛鍊的人，每天只要好好花個十幾分鐘，就可以增加免疫力，是個非常好的健身室內運動。

運動最好是養成習慣，每週至少兩次，每次至少三十分鐘，就可以有很好的效果。除了有氧運動以外，如果可以搭配伸展的運動，就會更有效果。動功加上靜功，就一定夠的。上班族如果真的很忙，就要盡量多走路步行，每天一萬步，或多爬樓梯，也是可以滿足運動量的。

練習舞蹈，生活充滿能量

除了運動，最好的健身方法就是舞蹈了。舞蹈不僅具有鍛鍊的效果，同時配合音樂，可以充分讓身體和心靈獲得舒壓。我從很小就學習芭蕾舞，此後逐漸長大也每年學習一支舞蹈出國表演，但是真正具體學習的，還是在五十歲開始練習敦煌古典舞。

一九九八年十一月，友人沈先生來電說，有個舞蹈老師需要一點宣傳，問我是否可以幫忙想點點子。愛管閒事的我，雖然剛離開老東家報社不久，覺得也許可以去看看，就依約到六張犁的敦煌舞集，見到了諶瓊華老師。和所有見過的藝術家一樣，提到錢這個字，諶老師就一個頭兩個大。但是沒錢萬事難，要老師去向企業界求資助，她又彎不下腰身。我當時向她提了幾個建議，似乎都不得要領。心想，算了，走吧！不必花精神在固執的人身上。

回頭看著教室，正要離去。老師笑著說，歡迎妳來練舞，下星期三有個新班，晚上七點半。練舞？我滿臉狐疑的看著這位看來只有二十多歲，其實將近六十的美麗老師，不置信的說，老師你沒說錯吧，我從來沒跳過敦煌，而且已經五十出頭啦。老師仔細端祥我的臉，只輕輕說了一句：妳這個臉，跳個菩薩不錯。菩薩？我心裡想，嗯，好像滿抬舉我的，不過，不知道上帝會不會生氣。

不知為何，但次週三晚上，我就帶著以前練舞的舞鞋，嘗試一種新經驗——練舞——而且是很札實的敦煌古典舞。這是一個新的班，有四年級到六年級的女生八、九人。大家來的目的不一，有的學宗教，有的練身體，我呢？決定給自己加入中國傳統藝術及文化的一種感覺。這也是人生規劃的一部份。在我五十歲的時候，曾經好好想過。自己哪裡還不夠平衡？檢討前半生主要學習西洋文學，又全世界走透透，擔任管理工作，也很少浸潤中國深層的文化，有機會接近敦煌，應該也可以從博大精深的文化裡，學點什麼。

五十學舞，連老師都捏把冷汗。小時候雖然學過一點芭蕾舞，每年因為某些表演也練個一招半式，可就沒覺得累過。第一個禮拜下來，腰酸背疼還是小事，跟不上節拍，配不上動作。自己都覺得很滑稽。老師教的時候，會頻頻停下來，看看手腳不靈光的我。我是不服輸的，也相信勤能補拙這個鐵律。笨不丟人，可以努力。在日記上，我給自己訂下一個願望，那就是，五年後要跟老師去巡迴。十年後要去國外演出。

這個願望給上帝聽到了。一年後，舞團就通知有個機會可以在市議會地下室，配合一個宗教活動演出一個最簡單的舞——燃燈。興奮的我找來姐妹淘捧場。盡心盡力也不過三分多鐘在台上，有乾冰、有化妝，氣氛High到最高點。下台又拍了好多照片，興奮的什麼似的。可是事後檢視這些美女照，才發現每個人的姿態有夠遜。騙的了別人，騙不了自己。敦煌的三道彎，在我們身上只會扭屁股，真是難看。

家母聽說我要練舞還要表演，笑歪了嘴。她只看著我說一句話，這舞妳也能學呀。不過扮相可能不錯。我仔細看看，老師和媽咪都說的沒錯，我是可以扮個菩薩，可就不能跳個菩薩啦！漸漸與老師及同學都成了好友，大家一起玩一起演出，有一種同舟共濟的感受。既然舞蹈如此艱深，那為何不化作簡易的操練呢？老師跟我赴企業演講幾次之後，有了新構想。她把敦煌分成幾種不同等級的功法，這樣每個人都可以依據自己的程度學習，就能快速發揚光大了。

於是，隨著經絡伸展操及能量舞的問世，各方佳評如潮，學的人多了，也讓學員們有發展自我的機會與舞台。更有甚者，四年多的學習之後，自己不僅可以出去表演一點才藝，還真正能夠練好身材體態。使得生命充滿更深層的意義。敦煌舞的三道彎基本功，要做好非常不容易。光學這個三年，也只能說是個四五成。不過到第二年開始，很多人見到我就說，詠琦姐妳變瘦了。我自己也注意到，真的是二十年前的旗袍都能穿了。可是體重始終沒變。這就是說肌肉變結實了，線條也出來了。敦煌的古典樂，使人沉浸在空靈的世界裡，每當音樂一起，大家都不由自主的放鬆心情、放鬆自己，專心一意的學習。人生隨時可以放下，可以學習。五十學舞，尚有可為。人生七十才開始。

搬到北京之後，人生地不熟，所以就比較不能徹底放開學舞了，其實如果還有機會，我倒覺得學習個肚皮舞也是不錯，國標舞則可以表現出社交舞的魅力。西方人對於舞蹈，認為是從小就應該會的社交工具，隨著優雅的音樂翩翩起舞是每個上班族的基本常識，可惜我們東方人比較不重視這些，認為和陌生人摟摟抱抱不是什麼好事情，這樣的觀念阻止了很多我們學習社交的機會。倒是在社區裡面的早晨和黃昏，都會出雙入對的看到很多年長的人跳著交際舞或是土風舞，令人稱羨。

學習舞蹈可以使人忘記煩惱的事情，當我學習敦煌的時候，許多腦中的煩憂都不見了，隨著音樂認真的練習，當一支又一支的舞蹈學會了，可以到各地去表演的時候，學習的人會有成就感，同時也培養了團隊的精神。舞蹈是一種綜合藝術，除了外在的體態、儀態的成長，更能讓自己由內在到外在，都散發出自信、愉悅的光彩。

順暢呼吸，靠唱歌就可以！

雖然說聲音是天生的，但是後天的學習也是必要的。從小到大我都是學校合唱團的一員，擔任女高音，雖然不是歌手，但是唱歌還真的是我很喜歡的嗜好。以前沒有KTV的時代，總喜歡一個人獨自在宿舍裡面唱一個下午，直到盡興為止。

有了KTV以後，正是我開始擔任中階主管的時候，那時屬下帶我去唱歌，我才知道原來自己多麼落後，於是很認真的學起流行歌曲。那時候給自己的任務就是每天要學一條新歌，必須要跟得上時代，因此用自己的方法，認真的練歌，不久就超前進度，成為年輕人的寵兒。

由於在學校教書很長一段時間，幾乎每天跟學生在一起，所以許多時候自己也很跟得上時代，有時候跟與同學走在一起也沒人認出我是老師，在學校教研究所的時候，還有人誤認為我是學生的女朋友，我替他們證婚，大家都很驚訝。我經常幫學生的歌唱競賽擔任評審，所以對他們的歌曲耳熟能詳。

唱歌不僅能夠使人進入忘我的階段，而且由於需要力氣，所以無形中會使自己的中氣十足。那麼，要怎麼練習唱歌呢？首先要練習咬字，多數人對於這一關都不能適應。老實說，現今很多歌手的音準都不很好，咬字更是差，這種基本功已經很少有人訓練了。音準和咬字可以之後，就要練習呼吸，因為好聽的歌都是要拉長或切短聲音的，如果你的呼吸無法配合，那麼歌怎麼唱都不會好聽。最後練的才是調子，這個部份，反而是最容易的，除非五音不全的人，否則不會唱不出來。

唱歌使人年輕快樂的原因是會沉浸在自己假想的情境裡，音樂使人陶醉之外，還可以得到平時想像不到的掌聲，這種成就感與上班是不一樣的。我在許多地方聽到非常卑微的人群，他們的歌聲彷彿天使一般的令人陶醉，甚至有很多殘疾人士躺在床上都能唱出美好的歌聲，十分令人感動。

唱歌因為要藉助呼吸的力量，所以對健康是很有益處的。許多年前我學歌唱的時候，老師第一件事情就是要我們練習呼吸，並且在應該開始和結束的時候注意斷氣的地方，歌唱的好不好，聽這個人的呼吸就可以知道。有名的歌唱家嘴巴都很大，肺活量也很大，練歌因此可以正面的讓一個人的精神提振，這一點是肯定的。美國歌唱教師協會列舉出歌唱的好處如下：

1. 有益健康，可以促進深呼吸，擴展肺部，清潔血液。
2. 使身體姿勢端正，儀態動作優雅。
3. 有助於面部表情的豐富和頭腦思考的活躍。
4. 增強性格上的沉著和自信，培養出克服困難的精神。
5. 改善講話的能力，豐富講話的語調，咬字讀音更清楚正確。
6. 增強記憶力和鍛鍊思想的專心。
7. 透過熟記如散文和詩般的歌詞，改善對語言文字的領悟力。
8. 發展對聲樂藝術的欣賞能力。
9. 提升對一般音樂的興趣，特別是聲樂作品。

10. 透過對目標理想的追求，有助於個性的形成。
11. 有助於情感的發抒宣洩，促進心理的健康。
12. 促進休閒、聯誼、社交，製造歡笑，散播快樂，自娛又娛人。

重點整理

- 如果能夠有均衡的營養，其實吃正常的三餐就足夠了。
- 蜂蜜的好處除了有調節腸胃功能，還對週期不順、更年期不適症都有療效，此外對於美容護膚和去痘、去斑都有療效。
- 茄紅素對人體而言具有非常重要的保健作用，具有強力的抗氧化能力，可以掃除自由基，有助於體內新陳代謝、調節生理機能，對養顏美容、維持健康很有幫助。
- 大豆含有豐富的不飽和脂肪酸，能分解體內的膽固醇，促進脂肪代謝，使皮下脂肪不易堆積。
- 荷重性運動對骨質較有實質上的幫助，諸如步行、騎自行車、健走、划船、跳躍、游泳、跑步、舉重、及背部伸展運動等。
- 舞蹈是一種綜合藝術，對內在與外在的涵養都有幫助。

第十一章

學習面對壓力，就能自信亮麗！心靈柔軟，就有成長的力量！

正面面對工作壓力

多年前的一期《新聞週刊》，曾經有個專題談到了工作的壓力，明確地指出：在辦公室的世紀裡，隱藏著一個骯髒的秘密字眼：壓力。因為，我們的工作正在殺了我們（Our jobs are killing us）。不知道從什麼時候開始，我們很習慣的在一睜開眼就想到上班的時間快到了、或是老闆又要催那份報告了。中午吃午飯的時間要打開網頁看看股票行情；要和同事打打交道，套套情報。最糟糕的是下班以後也不忘在飯桌上談談公事，走路坐車時也都和白天的情緒聯結在一起。甚至於挨了一頓責罵，晚上都睡不著覺，心中鬱結，徹夜輾轉彷彿在夢魘當中。

就社會學的角度來看，這似乎是不人道、不明智、不公平、讓人不願看見的畫面。

以我在組織裡工作多年、由基層做到高層主管的經驗看來，這的確是個不幸的結局，也是令人扼腕的；然而，企業畢竟不是救濟所，而是創造利潤、分享客戶的有機體，員工個人的心理，很少會影響組織變遷所做的決定。

《新聞週刊》舉了許多例子，譬如羅伯赫斯（Robert Hearsch）先生，原來在休斯飛機擔任主管非常成功。不久之後，由於通用買下休斯，他被奉派擔任「筆和鉛筆」的採購員。他盡心盡力的想做好這份工作，無奈上司吹毛求疵，不斷給他難堪，使他體重驟減廿磅、婚姻觸礁，幾乎精神崩潰。他訴諸法庭，結果得到休斯公司二萬美金的賠償。羅伯赫斯說：「這筆錢不過是個小數字，因為我已經失去了妻子、房子及事業。」

壓力存在於工作中的每一個階層，老闆有老闆的壓力，員工有員工的問題。甚至冷氣空調的噪音，和無孔不入的電腦資訊情報，也成了罪魁禍首。美國有四分之三的上班族有工作壓力的問題。連心理學家都常常束手無策，而提出「打或跑」（fight or flight response）的論調。由此看來，現代人的工作壓力絕對是存在已久的，隨著大規模的競爭愈來愈白熱化，我們的社會必須正視這樣的問題，並且要由多面向的角度來解決。

以我多年研究壓力調適的經驗來看，一個人的壓力不是突發性的，而是累積性的。這就好比天平上的法碼，有一邊不斷放下秤錘，另外一邊就會傾斜，並且隨著法碼愈加愈大，另一邊的承受力就愈來愈薄弱。舉例來說，一個禮拜一下著大雨的清晨，你要參加重要的晨會，而且要對老闆和重要客戶做報告，你就會感覺壓力很大。原因是星期一多半人很疲累，加上下雨會塞車，加上要開會，加上要面對客戶或老闆，每個元素都會增加壓力的指數。這時候如果車子壞了，你今天又感冒，昨天晚上跟家人吵過架，孩子今天生病……每個元素又會增加更多的法碼，使你的壓力天平愈來愈失衡。

激烈的業務競爭和龐大的業績壓力，並不一定是帶來巨大壓力的主因。反而，心理壓力主要的來源，是自我期許太高、老闆經常批評自己的工作、意外和挫折、工作的安全感及責任不明確等等。想要有效解除心理壓力，您可以先做以下的分析：

首先，是要確定自己面對這件事的態度。究竟你是決定要「打」（FIGHT），還是「跑」（FLIGHT）？。如果要打，就打到底；要跑，就跑遠一點、久一點。不要舉棋不定，三心二意。

其次，請拿一張紙，寫出壓力表的左邊和右邊。左邊是這件事你預期最壞的情況，右邊是最好的狀況。然後，把中間分成若干格子，看看在最好及最壞之間，還可能發生多少狀況，這種量表，可以讓自己充份面對事實。

第三，找一個人聽聽你的問題所在。一般人可能直覺上會找熟識的朋友或者是家人伴侶，但我的建議是，最好是完全不認識你的人，即使是小孩子都可以。因為，壓力經過渲泄，會自然找出答案，而不認識的第三者最容易看出你的問題在哪裡。

第四，認清自己的能力，不要去做「超越顛峰」的壯舉。凡是給予自己成功機會的人，都是循序漸進，而非一蹴可幾的。成就是累進的，能力也一樣，必須循序而來，無法一次就有「超能力」。

第五，就事論事，少談情緒。壓力的造成，十之八九都是因為情緒，而不是「情勢所逼」。由於面子問題而不好意思去解決，也是一種情緒。為情感因素所困擾，不是一個專業人士該具有的態度

第六，記錄自己的挫折和失敗，用最明顯的方式讓自己記憶成功。要記得，人生要超越的是自己的記錄，身邊的同事表現的比你好，不應該是你壓力的來源，而是用來提醒自己還有成長的空間。

第七，製造新的感覺。一成不變的環境或是一直重複的經驗，也容易使人失去創造力而逐漸厭倦。何不換一個工作環境，或換一項新產品試試自己的能力？即使把左邊的抽屜內物品全部倒進右邊，也會使自己有煥然一新的改變。

瞭解了以上的原則，有助於更有效地克服壓力。以下幾點，或許您曾在別處看過，但是否都有確實地執行過呢？

第一，迅速面對問題，並且自己解決。無論是什麼棘手的問題，唯一的答案都在自

己身上。如果逃避或迴避，到頭來問題還是會再度回來找你，所以與其躲過一時，不如來個「長痛不如短痛」，直面問題本身。一旦面對面，即使再醜惡的問題，看見也就不可怕了。

第二，離開現場。有些時候，我們想不開的問題並不是一下子就可以順利面對的。即使知道答案，可是傷口太大，一時無法癒合，那第二個方法就是離開現場。人類有一種慣性，一旦到了熟悉的環境，如辦公室、家裡，就會自然聯想到老問題的存在。只要離開環境一陣子，就會將心理的問題緩和許多。如果進一步的到比較遠的地方，找個視野開闊的地方待上幾天，將會有更好的效果。

第三，找人傾訴。現代人的悲哀之一是沒有觀眾也沒有聽眾。所以發生問題的時候，也沒有諮詢及傾訴的對象。其實，如果能夠有幾個知心的朋友，可以罵你一頓，給你一些迷津指點，或至少做個好聽眾，讓你發洩一下，那麼氣消了，問題也往往解決了一半。另外，小孩子也是很好的對象，因為天真的、純潔的言語和思想往往也會帶來問題的答案。

第四，信仰的力量。無論是哪一種宗教依歸，信仰本身都會提供一種堅定的力量，並且給予神靈的啟示，這是無庸置疑的。有堅定宗教信仰的人，較容易接受挫折，也比較容易治療自己受創的心靈。

第五，培養嗜好。音樂、運動，在長期規律的培養之下，很容易達到移情作用。學習新事物也是一種好方法，會給人一種成就感。浸潤在嗜好裡，就會忘卻工作的煩惱。

沒有人想被工作「謀殺」，因此，必須在觀念上，把**生計**、**生活和生命**三者分得清楚。工作是生活的一部份，生活加上工作也僅是生命的一部份，工作的壓力只應存在於工作的時段裡，不應帶到生活裡，更不代表整個生命。人的生命應該是更寬廣、更有深度的，讓自己毀於工作，實在是不值得。

我的「三十六計」

我相信每個人都有自己的人生智慧。如果能夠及早弄清楚心裡的問題，或許壓力與情緒就不會上身，可以生活的更健康、更有魅力。以下與您分享我的「三十六計」：

1. 技術要一桿進洞。
2. 意念與情緒要有水閘，隨時控制，經常疏導。
3. 寧可花時間想明天，不要花時間想昨天。
4. 常常想，我有沒有新的版本。

5. 假想一種超越的對象。
6. 幫忙弱者，為善最樂。
7. 每個人甚至動物都是學習對向。
8. 大問題要離開現場才能解決。
9. 嘴吧甜一點，衣著光鮮，到處逢緣。
10. 凡事提早，切莫搶晚。
11. 多花一點時間想，少花一點時間說。
12. 理論是精髓，要放在口袋當錦囊。
13. 每天禱告時，都要感謝一些人，為他們祈福。
14. 有機會就一直問，自己找答案。
15. 智慧是在老人和小孩身上，因為他們有經驗及直覺。
16. 開車和上廁所、洗澡是每天靈感的來源，因為無人打擾。
17. 知識學問不必典藏，每一個過程很快就會過去，又有新思潮更上一層樓。
18. 點子及要做的事要隨手記錄，否則不會實現。
19. 優先順序訓練可以找到最快的答案。
20. 不要老看前面，也要看上面，遠方有山、上面有天。

21. 醫院和墓園可以幫助人瞭解什麼是捨得和放下。
22. 新科技、新工具、新方法都是成本，但也是資產。
23. 凡事講出來，煩惱就去了一半。
24. 變化與創新是成功不二法門。
25. 世人就被「懶」和「貪」兩個字所害，不懶不貪很難，少懶少貪並不太難。
26. 學問、智慧、經驗、錢財都是累積的，速成就會速離。
27. 世事都有陰陽兩面，所以多情常被無情擾。
28. 無情也許無知，可憐的人也有可恨之處。
29. 靈感好像水龍頭，也像窗外飛逝的黃鸝鳥，稍縱即逝。
30. 事事起頭難，結束更難，中國人慎始慎終，就像起飛和降落，充滿危險。
31. 最有理想的人，就是把今天當做最後一天，那就容易實現，這也就是朝令夕改的原因，因為只有今天最可靠。
32. 瞭解才會接受，說明與參與是溝通的不二法門。
33. 及早提拔後進、培養班底，你會更光彩。
34. 凡事都可能有意外，不必要求盡善盡美。
35. 把事情告訴不相干的人就會有答案。

36.機會與機緣不同，一種是自己努力得來的，一種是上帝派人帶來的。

人生最重要的轉變期有三個階段：18~22歲；28~32歲；以及38~42歲，這三個時期是爬坡和思慮變動最大的時刻，必須充分把握。有變化不見得是不好的，要能夠掌握變化的時機，才能因應天時，順時而行。因此，變動前的那幾年，就應該開始準備，開始計畫。我認為最好的時間點，就是16歲、26歲和36歲了。

16歲要計畫些什麼？當然是將來打算就讀哪一類的科系，確定自己的興趣和志向。這時候可以參考老師和家長的意見。人生的定位往往跟這個階段有關，開始的時候選錯科系，白白花四年功夫不說，對後來的一生影響很大。特別是現代的教育講究多元化，學生可以多選輔系或是選修自己喜歡的通識教育學分，為自己加分。所以學生要把自己在校的時間充分應用，專心學業。

26歲要計畫什麼？當然是家庭和工作的取捨和平衡。現代許多男女，往往在適婚年齡，日以繼夜的工作，殊不知感情與家庭，才是生命中的永恆！等到時間一過，就開始抱著獨身主義，成為黃金單身漢。只有在中年以後，才漸漸體會到家的重要。許多人工作表現十分卓越，但是生活很貧乏，拿掉工作的冠冕，就成了實質的空心人。

36歲要計畫什麼？當然是預備第二事業生涯的開始。不要懷疑，現代人必須多職能多樣化才有競爭力，單一的技能很可能會提早被淘汰。如果等到38~42歲要打變化球的時候再來準備，時間上可能就晚了些，因為任何技能或者興趣的培養都不可能是一蹴可幾的，沒有兩三年培養與醞釀，不可能發芽生長。

寫下自己的計畫時，要按照四個象限去分析：**我能做什麼、我想做什麼、我要做什麼、和我該做什麼**。這樣才能充分思索內心到底和現實差距有多大。可以做的未必是自己喜歡的；真正喜歡的，又未必是該做的，唯有交叉分析才能體驗出自己實實在在想著什麼？

把握關鍵年代，把握黃金時間，這樣才能真正的讓時光留住。日常工作最難的幾件事情，第一是避免干擾與拖延。上班族只要開始進入辦公室，事情就會永遠做不完的。如何拒絕更多的問題不斷困擾或打擾你，需要練習拒絕的藝術。事情一旦是你做，就永遠是你的了。如何想法子讓事情分擔給不同的人，還得顧及別人的面子，需要很好的人際溝通能力，必須趁早學習。

日常工作第二件難事，是基本功有待加強。所謂基本功是指個人的技能，譬如說寫的能力、運算的能力、電腦操作的能力或是個人自我管理的能力。這些都很耗費時間，如果沒有訓練，很可能在許多細目工作上都會比別人慢。

日常工作第三件難事，是溝通協調能力不足。例如接打電話處理問題，開會時候耗費時間，行銷業務口才不好，諸如此類都是溝通的問題。處理這些困擾，必須擷取前輩的經驗和智慧；更重要的是要不斷的進修溝通協調與解決衝突的方法，才能滿足自己與客戶的即時需求。

如果能夠按照步驟，並且每天都保留一些時間靜靜的思索，其實問題的答案往往就在眼前。人類的情緒是由腦內的杏仁核所掌控的，如果看過社會情商（ＳＱ）這本書，就可以明白丹尼爾高曼所說的：用ＩＱ解決問題，用ＥＱ面對問題，用ＳＱ去超越問題的方法，並了解到，影響快樂程度最重要的因素，是人們相處的對象，而非薪水高低、工作壓力與婚姻狀況。ＳＱ用來開發快樂腦，追求快樂成長力，啟動社會腦，促進群我管理力。

生命的信仰

前些年在一個餐會上，我應邀去演講，談的是生命的信仰。小時候，我的家庭是信仰穆斯林的回教徒，我也跟著父親去過幾次清真寺；上了大學後，我逐漸認識了基督教，並且開始研讀聖經，到了受洗的日子，因為害怕浸水禮躲掉了受洗禮拜。到了五十歲左右，因為學習敦煌舞而結了佛緣。母親走後，我正式受洗成為基督徒。由於這些因緣際會，宗教的影響使我對人生有更多的體會。我的演講要點主要是以下幾點：

- 宗教是一體的。不同宗教是因為有不同先知發展出來的從眾者所組成的。
- 宇宙有人界、靈界、神界和魔界。人和動物植物一樣，都是靈的軀殼。
- 人的身上有靈驅動，靈帶有晶片，正如隨身硬碟一樣，會記載此世記錄的點點滴滴帶到下一世。因此，這一世的許多事和人，下一世都會似曾相識。累世冤親債主也就這樣來的。
- 靈可以修練，稱為靈修，打坐是靜心，還原自己的靈，就好像硬碟要整理還原意思相同。
- 生命簿就是積分冊，人死後審判是按照自己的成績冊判斷決定分配路線，回到靈界時間很短，也可能進入魔界，但很難進入神界。
- 宗教的經書可以幫人悟道、鑒古知今。宇宙要保持均衡，所以有得有失，現世運轉速度愈來愈快，現世報也似乎愈來愈快。
- 神因為信仰而存在。沒有信仰的人也可以上天堂；有信仰的人照樣會下地獄。禱告必會得救恩，因為天使或菩薩本來就在身邊，會以不同面貌擦身而過而不自知。
- 命不是前生註定，是今生註定的。勿以善小而不為；勿以惡小而為之。道德修養好的人表裡一致，君子慎獨，不是做給天看，是給自己看。

- 人生的任務完成後才會走，否則成為累世債務。死就是時間到了，與善惡無關。
- 宇宙有能量可以添加在每個個體身上，所以人也有能力可以與自然界其它生靈對話，通過學習，人也可以接受宇宙能量。宇宙能量最終會耗盡，地球也會因能源耗竭而毀滅。
- 大自然像一面鏡子，反射自己的作為，並保持平衡。每個人也是一本書，都有可讀之處。
- 磁場可以感覺，也可以創造。科學解釋自然，宗教歸向自然。
- 人的軟弱來自貪、懶、嗔、癡。喜、怒、哀、樂均由心生。放空後才能積蓄，所以有捨才有得。
- 一生的運勢有高有低，高時不要得意忘形；低時不要自找死路。瞻前顧後的人，喜樂平安。
- 做人最難的就是得到後難以捨棄，難捨的是名、利、情、欲。情和緣多半是前生延續，但是幸福和美滿是今生的創造和體會。快樂要主動追求，不能等待。
- 七是關鍵數字，產生變化。大自然對一切都會警示。問題的答案就在眼前，但是人類可能看不見或不接受。
- 挫折是成功的良藥，諭示成功在望。記得保持平衡。得時要有所失，失時自然有得。親近自然，與人為善，全然交託。傳道傳福音就是使人歸向正途。

我相信無論是什麼宗教，都有其神秘的力量，順乎自然是人類最好的信仰法則。有了生命的信仰，就有了寄託，可以真心誠意的交託自己的問題給上天，不會得不到回應的。

許多人對宗教有不同的看法，我認為這是個人的體會，不必太過解釋或是穿鑿附會。無論如何，多數有信仰的人，人生都有很好的方向，遇見挫折的時候比較能夠交託，身心靈比較能夠維持平衡，這一點是值得肯定的。生命的軌跡在每個人身上都是不同的。大部分的人一生有起有落，很少有一生搭順風車或事事平安的。當然，有的人命運坎坷，比一般人還要辛苦。不過，遇見生老病死的折磨，每個人都要想辦法去面對。

當今社會的宗教活動十分活絡。當人的心靈有了歸宿，對於重大事故就比較容易應付。尤其是當事故發生時，由比較有經驗、老練的人從旁協助、規勸，也許對某些人可以產生比較好的壓力紓解力量。

信仰，其實並不侷限於宗教，政治信仰或是對於自己的信念，也是一種信仰。思想產生信仰，信仰產生力量。如果您和我一樣有過宗教、社會和政治活動的經驗，就會瞭解參與群眾，奉獻自己和交託自然的關鍵性。一個人只有在與人相處忘我的情形下，才能超越自我。

也許在最初，無論參與哪一種團體，都容易感到失望；因為開始的時候總是覺得很新鮮、滿懷一腔熱血熱心，但卻漸漸發現自己看到的現實，往往跟所期待的結果大相徑庭，於是就會開始默默的撤離，深深的絕望，甚至認為，這是怎麼回事？難道大家不都是為了要肩負使命而來的嗎？為什麼會產生這麼多的矛盾與摩擦呢？

但也別忘了，矛盾與摩擦是人與社會必然發生的現象，每個人都有自己的想法和做法，在一個非營利的團體裡面，這種問題是與時俱進的，只要有人，就會有是非，就會有爭先恐後，就會有爭名逐利，當然就免不了會有衝突與利益。

但是，隨著時間的演進，當你深深的瞭解自己的角色與任務以後，就會慢慢超越這個水平線，慢慢進入一個新的境界，這時候的你，將會逐漸理解生命的真諦，會享受與人相處的快樂，認真交到彼此有同好，相知相惜的朋友，進而能夠歡樂與患難皆能與共。

柔軟的心靈

汶川大地震發生的當時，我正好訂完機票，準備兩天後去成都，可是一場天崩地裂的地震，讓所有人的行程都被阻隔了。在台灣的家人、學生和朋友都紛紛來電關懷，一時之間感覺親情是無比的可貴，生命是如此的脆弱，大地是如此的無情。

親情的可貴，寫在每個受過災難人的臉上，看見電視上淒慘的畫面，不禁使人熱淚盈眶。平時在家裡常常為了隻字片語而拌嘴的我們，是不是看到這樣的大災難，會有些許的反省呢？猶記臺灣九二一大地震的當夜，我親身經歷了天搖地動的可怕，到現在想來還是餘悸猶存。前兩年去唐山看到地震博物館，以及當年地震的現場，還是一樣的怵目驚心。

唯有在這種時刻，我們會真心的感覺到親情高於一切。在家裡面，父母子女都因為忙於自己的工作與事業，往往因為心情沮喪或是不如意，而忽略了彼此相依相伴的需要。但是一旦是失去對方的時候，才會深深體會到彼此依存的感情。家父家母就是一例，家父在世的時候，兩人幾乎每天都在吵架，可是在家父去世後不久，家母就逐漸削瘦，常常感覺寂寞，這在她最後在世的四年之間，充分的體驗到。即使我天天去陪她，還是看到她憔悴的面容。

失去親情的打擊，在所有壓力指數上是最高的。有親情的人，生命的光采是隨處可見的。

人生的經歷中，感情問題是最為複雜難解的，也最容易產生悲劇和意外。在壓力的天平指數當中，舉凡感情給予的分數，大約有 1. 配偶死亡一百分。2. 離婚七十三分。

3.分居六十五分，4.結婚五十分。5.婚姻的調和適應四十五分。失戀雖然沒有指數可以依循，但對許多人而言，也是重大的打擊，造成很大的精神困擾。

婚姻是一種機緣，有時候感情到了，但是婚姻還沒有到；有時婚姻到了，感情還沒有到，所以問世間情為何物？許多人有許多解釋，每一種都對，也都不是絕對。男女之間的關係，有生理的一面和心理的一面。有真實的一面，也有虛擬的一面。人生是嘗試和學習，男女關係也是學習的課題。

感情發展到最後是什麼，沒人知道。但絕不是天長地久、毫無變化。有時年少輕狂，到老就沉著穩定，有時年輕時癡迷，年老時花俏。面對逝去的所有，應該盡快從心中祗去舊情緒，換來新的氣象。如果自此就緬懷過去，認為感情就會受傷害，那就永遠沒有機會嘗試真正的幸福了。

感情的經驗，與其它生活經驗其實也差不多，對於這樣的壓力，起初十分痛苦難忍，隨著時間的流逝和移情作用的不斷影響，一切都會消失在大海的茫茫波浪之中。

重點整理

- 面對壓力，請拿一張紙，寫出壓力表的左邊和右邊。左邊是這件事所發生最壞的情況，右邊是最好的狀況。然後，把中間分成若干格子，看看在最好和最壞之間，還可能發生多少狀況。
- 工作是生活的一部份，生活加上工作也僅是生命的一部份，工作的壓力只應存在於工作的時段裡，不應帶到生活裡，更不代表整個生命。
- 靈可以修練，稱為靈修，打坐是靜心。
- 無論任何宗教都有其神秘的力量，並且順乎自然是人類最好的信仰法則。
- 人生最重要的轉變期是在三個時段：18～22歲；28～32歲；以及38～42歲。
- 寫下自己的計畫時，要按照四個象限去分析：我能做什麼，我想做什麼，我要做什麼和我該做什麼。這樣才能充分思索一個人的內心到底和現實差距有多大。
- 把握關鍵年代，把握黃金時間。

第十二章
掌握生命的每一刻，妳也是魅「麗」佳人！

到目前為止，我們已經談了很多關於外在形象、內在修養的主題與要點。在本書的最後一章，我希望以比較輕鬆的角度，與您分享讓生命更加豐富精彩的心得。

寫日記的好習慣

有個好習慣我始終保持，那就是寫日記。自從我十六歲那年鄰居送我本日記開始寫，起先斷斷續續，但是在二十歲以後至今四十三年來都沒有間斷過，很多人都會說我很有毅力，其實這只是習慣，一件事情已經做了這麼多年，就已經成為例行工作，不可能更改了。

現在我已經寫到第三十八本日記，可以隨時翻翻自己從少年到中年，並且逐步邁入老年的紀錄，過程可以說是記載的很詳細。早年求學的時候很認真，曾經過很長一段時間的英文日記，是不是因為這樣，後來英文寫作的能力比較好一些呢？但可以確定的是，那時候的確是下了不少功夫。

隨著年齡的增長，看看自己的前半生，可以說是絢麗多采的吧！二十歲追求美麗，三十歲追求氣質，四十歲追求智慧，五十歲追求自然，六十歲追求自在，心隨物轉，彷彿這是每個人一生的歷程，但也總結了每個人的企求。寫日記的好處，就是可以回顧和檢視自己的心境，文章千古事，得失寸心知。

最早看宿舍裡的一位姐妹在燈下寫日記，是欣賞她那種幽幽的意境，我自己也寫寫看的時候，發現實在沒啥好寫的。每天刷牙洗臉，吃飯睡覺，還不都是一樣？後來想，每天寫一件事吧！於是慢慢的對自己的思想，有了深化的作用，白天想不通的事情，晚上寫日記倒是想通了。

有陣子談戀愛寫了一本詩集，現在看看還真的有趣，但是現在讓我寫，就寫不出來了！這需要些靈感，通常在戀愛的時候、生命中遭逢巨變的時候，人的思想活絡，靈感如同泉水，但是過了這陣子，靈感就失蹤了。所以我經常睡覺時候的枕邊，洗澡時候的浴室裡，跑步時候的運動褲袋裡，都放著紙和筆，時代進步後，就身邊總是帶著手機，想到什麼就寫什麼。

我的日記有的時候寫的很認真，很長一段時間，連今天的新聞頭條，自己穿哪套衣服，天氣等等都有記錄。現在只記每天的頭條標題，還有開心的事，其他就沒了。不過心情複雜的階段，一天可能寫兩次日記，一次可能寫了十多頁，好像是一篇散文似的。我的老公常常會笑我，他說我這個人記憶力不好，因為怕中午吃什麼飯會忘了，所以晚上趕緊記下來。

不過，把心情寫下來之後，一個人的思想會突然變的很開闊，會跳脫問題的核心，會站在第三者的角度看問題，所以會把問題看的特別清楚。每當年底的時候，我都會為自己寫下下一個年度的計畫，這包括工作計畫、財務計畫、讀書計畫、旅行計畫、學習計畫和交友計畫。次一年拿出來比對，多半能夠完成。這也是寫日記的好處。

父母親都過世之後，我開始寫遺囑放在日記裡，每年拿出來看一次，起先是想簡單幾句話交代一下，後來發現，隨著年齡增長，話愈來愈多，原來人是愈老愈囉唆，愈放不下，這是真的。不過寫好遺囑，人會變的輕鬆些，還有，會知道有哪些東西是不必要的。

自己看看日記和遺囑，有時候會感動的哭了，有時候會發呆的笑了，有時候看見裡面夾著些陳年的信札和落葉，也會感傷時間的飛逝。這就好比是看相簿一樣，當人說你看來永遠年輕，你自己瞧瞧，就知道每一年，人都會老了一點。只不過有的人刻痕深一點、快一點，有些人淺一點、慢一點而已。

與年輕人相處

我始終認為，跟上時代潮流的最好方法，就是多跟年輕人在一起。因為家境不好，我在念高中開始就開始擔任家教，念大學教高中，念研究所教大學，可以說從沒有斷了跟年輕人交往的機會。自從退出企業之後，更有七年之久都在校園裡面，幾乎每天都跟年輕人在一起。我兒子甚至說：「媽咪比年輕人更了解年輕人」。

這一點我是很自豪的，的確可以當個教育家了，我的學生遍佈各地，從六歲到八十六歲的都有，最集中的一群就是22~35歲這些人，有陣子我還在兼任研究所的課程，學生中竟然還有八十幾歲的來上課。

與年輕人在一起的時候，他們有興趣的不外乎怎麼談情說愛，怎麼選擇職業，怎麼多賺點錢。許多人都說現代年輕人沒有倫理，沒有親情，其實他們只是和我們這一代一樣，不懂得怎樣表達，也不知道家人需要他們表達而已。至於他們有時很冷漠，那是因為他們都沉浸在網路的虛擬世界裡。

年輕人的歌曲轉變的很快，他們的腳步也跑的很快，他們需要大量的資訊滿足他們的頭腦與心靈，所以只要說出他們不能想像到的，他們就會非常佩服你，把你當神一樣崇拜著。但是如果你的思想老舊不堪，他們就懶得理你。所以跟年輕人在一起要能使他們驚奇，這樣就會吸引他們的注意。

目前我有兩個博客、還有幾個微博、空間，臉書、LinkedIn、Twitter、We Chat、LINE等等，更是每天都必備的工具。有的用繁體，有的用簡體，時時更新內容，分成不同的主題來張貼自己的各類文章、相片和影片，這類的活動很能吸引年輕人的青睞，他們會跑進博客來留言，也會用簡訊來抒發心聲，我經常跟台海兩岸的學生，用微信、QQ或是SKYPE互通有無。

我所任教過的美國東西大學領袖管理學院，曾經來了個八十四歲的祖母籍學生，她早年是留學日本的，目前還是化學製品公司的董事長，我教她的時候肅然起敬，她很謙虛，在一群年輕人面前不假思索的就說：活到老、學到老。這句話也是我主持多年廣播的節目主題，是的，向下學習，跟年輕人學習吧！

年輕人代表的是未來的世界，是思想的潮流，是青春的活力。跟這些人在一起，會使你忘記自己的年齡，還會還原以往的自己，想像自己還是年輕的一群。有很多年長的人動輒老氣橫秋，以老賣老，這些人其實已經趕不上時代了。真正趕上時代的老人多的很呢！

我在一九九七年前後才學會用電腦，當時也是無師自通，學得三招兩式之後很得意，於是在網路上發表一篇文章，叫做「臨老入花叢」，意思是說自己年過半百，還能拿著科技這東西到處跑，自以為很了不起。沒想到隔不了幾天，有個朋友發來個郵件告訴我說，這有什麼？有個八十幾歲的老翁，自己製作了四個網站，玩的不亦樂乎。

以前我在大學教書，有個學生也是這樣，她早已進入花甲，每天還去登山潛水不說，開著吉普車，用兩台電腦，幫六個雜誌社當義務編輯，還是大鼓隊隊長，每次見到她，我就自歎弗如，面對那些經歷充沛，永遠不知道老是何物的人，我非常願意跟他們在一起，直到生命結束為止。

成功之道

王永慶在九十多歲時，還是神采奕奕，每天健步如飛，他給年輕人的八堂課是：

第一課：追根究底，事事要求「止於至善」

王永慶說：「做事應該和樹有細根一樣，必須從根源處著手，才能理出頭緒，使事務的管理趨於合理化。」

第二課：物本精神，從細微末節處著手

國內外企業在開會時，總是繞著「業績」、「利潤」等「結果」在打轉，而在台塑管理處的會議上，永遠聽不到王永慶和他的幕僚在談「業績」，他們總是以「追求點點滴滴的合理化」為主題討論。

第三課：瘦鵝理論，學習瘦鵝刻苦耐勞的精神

王永慶認為年輕人不論就業或創業，千萬不可操之過急，一定要有先苦後甘的體認，學習瘦鵝忍饑耐餓，刻苦耐勞的精神，一步一腳印才會有成就。

第四課：基層做起，成功沒有快捷方式

王永慶嚴格規定台塑關係企業的大專新進人員，不論任何科系，不論擔任何種職務，更不論他是平凡人或高官子弟，一律參加輪班訓練，從基層做起。

第五課：實力主義，實力從實務經驗得來

學歷≠實力，好學校與好成績≠能力！

汽車大王亨利・福特認為，經驗乃是世界上最有價值的東西，「任何人只要做一點有用的事，總有一點報酬，這種報酬就是經驗。是世界上最有價值、也是人家搶不走的東西。」

第六課：切身感，培養休戚相關的切身感

創造切身感，必須先就企業的各個部門，分別建立合理的標準成本。以成本為基礎，才能正確計算出各部門所屬人員的努力結果所獲得的績效情形，再按績效給予適度的酬勞與獎勵，這樣才能激發切身感。

第七課：價廉物美，除了價廉，還要物美

在台塑企業內，最常講的一句話是：「多爭取一塊錢生意，也許要受外在環境的限制；但節省一塊錢，可以靠自己努力。節省一塊錢，不就等於淨賺一塊錢。」

第八課：客戶至上，客戶就是市場

王永慶在年輕時以賣米起家，到府服務、主動送米、按月依客戶發薪日收款，可見當時已深知以客為尊、客戶至上的道理。

王永慶和他的台塑集團的成功，不是沒有道理的，道理也不是很艱深，是人人可以學到做到的。一個人的成功之道可能有很多原因，但是努力與毅力永遠是最基本的要素。在我就業的二十八個年頭中，有幸都是跟著這類型的主管，他們為成功而堅持努力，並且為提拔後進不移餘力，使我在感佩之餘，也希望能跟他們一樣，永遠為目標堅持努力。

戀愛讓人充滿衝勁

很早以前聽一位報社的老同事演講，提到每個人一生，都要偶而浪漫一下，當時感到很震驚，難道他是鼓勵大家做個第三者嗎？後來讀了一本書叫做《C型社會》，才知道他的論調是對的，人類的壽命在本世紀中以前就會延長到男性一百一十歲，女性一百二十歲，在長達一百多年的歲月中，單獨維持一段感情，幾乎是不可能的。

就算是白頭偕老的夫婦，也得維持青春年少那種浪漫的情懷，才可能維持婚姻長久，這就不得不仔細想想，為什麼很多人一直都能在戀愛中生活？甜蜜的情愛關係是青春的良藥。

真心愛過，才知道什麼是愛情，愛情是一種非常複雜的情緒，不能用理性來解釋，但是每個人都渴望愛情，無論你是否得到，那種被愛和愛人的經驗，可以使人年輕，使人飄飄欲仙，並且無人可以解釋這種感覺從何而來。人生中有很多機會可以戀愛，也有很多時候會拒絕愛情，這種只能用緣分來解釋。

不可諱言的是，愛情裡的人，是活在一種想像之中的生活，多半的人很陶醉在一種期待的親密世界裡，無論站著、坐著、躺著，都會無時無刻的思念，這就叫做戀愛。比較忙碌的人會在工作停頓的片刻裡面想到，於是會急切切的希望知道對方在做什麼、想什麼？對於事情突然不理性，很敏感，也很裝模作樣。

感情濃烈的時候，一刻也不願意離開對方，還會有乾脆一起死了吧的衝動。這樣的不理智，在熱戀期之後，也許會漸漸的消失，有些人熱情消退以後，感情也就淡去，有些人持續火熱到很長一段時間，但是無論多長久，或者多短暫，可以說，愛到深處，就是全然的佔有。也因為這種佔有的欲望，就鬧出家庭糾紛和生離死別的徬徨了。可是一旦真正擁有之後，會不會真的天長地久，那可不一定了。我有好多朋友都是生死相許的戀情下結的婚，但是離婚也都是以不適合彼此而收場。既然以前如此動情，難道後來竟會「情死」了嗎？其實是可能的，感情陣亡的速度往往比你想像的快。

我個人的比喻是：感情就好像感冒一樣。有潛伏期，發情期，高潮期，低潮期，滅亡期。在高潮期所說的山盟海誓並非假的，但是是不真實的，過了那一段之後，一切歸於低潮，你可以重新再感冒一次，跟同一個人或者跟不同的人，但是請記得，感情會開始，也會結束。

天長地久也不是夢，必須建立在彼此的關係平穩而創新上面，還有，不能有其它的誘惑，有時候必須狠心拒絕，或者，做個不沾鍋。不過這些也都不容易，隨著時代的改變，距離早就不是問題，人和人可以在網路上就談起戀愛，沒有見過也可以愛，所以時間和空間都會因為時代和科技而改變。

如果要年輕，就要那種戀愛的感覺，專心想著對方，成為一種依戀。這時候你可能會有能力，鼓動你去接受不可能的挑戰，也會非常的快樂，覺得好像得到了全世界。相反的，即使你有很大的事業和有成就的工作，感情的世界卻是一片乾枯，或者永遠是陷於沼澤地，那麼你的一生還是很貧乏的，當你拖著疲憊的身子往回走，你眼前的世界還是灰暗的，不是彩色的。

財務穩定

從小我就是在缺錢的環境下長大的，所以一旦我有機會可以掙錢，我都不曾放過。我也比同年齡的人始終賺的多一點，原因是缺錢的人，整天提心吊膽，怎麼可能會變得年輕呢！俗話說，金錢不是萬能，缺錢萬萬不能。一文錢逼死英雄漢，這是殘酷的事實。

問題是？怎樣才能賺多點錢呢？這就是見仁見智的問題啦！我有很多朋友，一個月薪水沒多少錢，但是她們很會理財，工作沒幾年，別人什麼也沒存下，這些人很快就富起來了。相反的，也有很多朋友賺很多，可是十年、八年過去了，見面還是兩袖清風。

無論如何，有多一些準備，就算是有點意外，也不會擔驚受怕，倒不是要大富大貴，但是至少要能夠讓自己安穩過日子才行。缺錢的日子真的很不好受，借貸渡日子更容易以債養債，變得最後惡性循環，只好鋌而走險，做出非法的事情，那就更糟糕了。

有錢之後很多人會變得很小氣，這和窮人的世界會變得不太一樣。我也是漸漸體會出來，人在有錢有勢以後，多半會走樣。這和以往窮的時候完全不同，但是不論如何，能夠學會生財有道和理財有方，這是成為好的生活條件不可或缺的必要因素。

有很多中年失業的朋友，離開職場不過一年，就顯得無限蒼老，原因就是感覺自己沒有用了！失去了自信，變得很孤僻，很趕不上時代，不敢花錢裝飾自己，其結果是自己看來愈來愈窮酸，愈來愈不能為社會所接受，也就沒人敢找他就業，那就更沒法子掙錢。所以美國人說致命的三中：中年、中階和中產。這些都是不上不下的時候，無論如何都要找回自信，好好振作。天生我才必有用，總是可以找回自己的天空。

培養良好嗜好

嗜好還有不好的嗎？當然有，玩物喪志，無論什麼嗜好，太過火都是不好的。我有個企業家的朋友收集了三千隻石獅子，蓋了個石獅子博物館，可謂是嗜好大王了，在他還沒有蓋博物館的時候，我到他家去吃飯，天呀！滿山遍野都是石獅子，真是個了不起的人物！

我自己也喜歡收集，因為小名叫做咪咪，自小喜歡貓咪，所以就收集了各式各樣的貓咪，有貓被子，貓睡衣，貓耳環，貓湯匙，貓咖啡杯，水晶貓，木頭貓，玻璃貓，石頭貓，一度沒地方擺，就放到老媽家裡，搞到她老人家也吃不消了，於是就稍稍停止，現在住在北京房子小，只好擺幾隻布的、木頭的，一隻是韓國，兩隻是印尼的。

說到嗜好收集，我和朋友的話匣子打開就沒得完了，同樣是台灣來的老師陳生民，喜歡收集綠色的蟾蜍，到他辦公室去看看，還真的看到這種收集品呢！真是有趣，談起這些收集，比起賺錢講課還來得有興趣，總是會滔滔不絕的談著每個收藏品的來源，眉飛色舞的神情，頓時就會年輕起來。

今天去洗衣店拿衣服，聽到裡面幾個客人在談打牌，弄的很不愉快，談到這種打牌的嗜好，牽涉到錢，問題就比較大，家父生前也愛玩牌，那是醫生說他有心臟病，年紀又大，如果有點嗜好，日子會過得輕鬆一些，不過隨著年齡大，牌搭子也都凋零，所以他的心情一直不好。

養貓養狗的人，在我住的社區裡面可是不少，每天早上和黃昏，總是看著這些狗父母們一群、一夥的聚在一起，談起寵物經，一聊就是幾個鐘頭不停，以前我住台北的時候，家裡的狗呀貓呀的，整天就像是祖宗似的養著，無論是吃的喝的住的穿的，樣樣不比人差，談起來就沒個完了，這就是生活的情趣，也是生命的寄託。

在北京，我養的是一缸魚，因為常出差，養魚比較不需要照顧，平常工作歇息，都要跟這些魚兒說話笑鬧。離開京城之後，就會特別想念這些魚，彷彿是比家人還親，真的是成為生活和生命的一部份。

有了嗜好，就有了寄託，隨著這些動物植物的成長，自己也好像成長了，想要體驗有活力的生活，就要有些興趣與嗜好，並且付出心力把這樣嗜好培養起來，久而久之，你的生命就就會添增了活力。

交幾個好朋友

「友直、有諒、有多聞」，這三種益友，您有幾個呢？交朋友其實不容易，必須當做是自己一生的功課，許多人沒有把交朋友當作是管理自我的一個關鍵，所以沒有認真的研究過，自己缺哪類的朋友，怎樣交朋友，還有，要怎樣維繫感情。

每個人大概在幾種情形下，會算算自己的朋友，第一是在家裡有喜慶喪葬的時刻，就會找出親友名單；第二是自己要辦活動，或是有所求的時候；第三，是經常使用網路或電話聯繫的人。每個人的朋友都應該分類，並且經常分別聯繫，而不是等到要用到這個人才找他或她來打交道。

有個廣告說，老友如同美酒，愈陳愈香，這話有時候對，有時候也不對。朋友認識久了有時候會有磨擦，反目成仇的也有不少。所以交友需謹慎，要仔細選擇交朋友的對象。好的朋友是資產，壞的朋友就成了負債。如果為了怕交到壞朋友而採取鎖國政策，那就沒有機會找到友直、友諒、友多聞的朋友了。

在工作中所交到的朋友通常只能叫做同事，離開這份工作之後不久，友誼就會被時間沖淡。在校的同學感情比較深，往往一輩子都很難忘記。鄰居街坊也是一樣，因為天天見面互相關照，所以能夠產生友誼，但是最好的朋友，無非是社會上參加興趣相投的朋友所組織的活動，這類的朋友可以持續，因為有組織可以不斷的推動。

我參加的國際友誼團，是國際性推展友誼的最佳園地，過去三十多年以來，我們家都是接待大使，由國際總部每年透過組織，將喜歡友誼的人介紹到家裡居住一個禮拜，然後我們次年再去各個國家參訪，住在對方的家裡，一起生活，這和觀光不同，我們可以建立跨國友誼，多年來，住過我家的有美國、日本、韓國、巴西、哥倫比亞、德國、南非和加拿大等國的數十位親善大使，這使我們成為國際家庭。

九二一大地震之後，三天三夜臺灣電訊中斷，這些朋友失去我們的音訊，拼命打電話不通，第四天終於打通之後都哭了。我們好感動，因為這是真感情。這些人遠在不同的世界角落，但是他們對我們的關心是那麼的真切，沒有任何原因或利益的結合，可以真正打動人心。

我還參加一個小小的種子讀書會，是結合附近山頭的鄰居朋友組織的，每兩周聚會讀書或欣賞電影或者出遊，多年來也成為誠摯好友，年齡興趣層次都相同，談起來有一致性的話題，玩的時候興趣也相似，我常笑話他們說，吃的比讀的多，不過朋友相交，貴相知心，這也是好的朋友。

教會是信仰的朋友，人數雖然只有幾十個，但是因為分享喜怒哀樂的人生，彼此會相互扶持，相互關懷，有困難都會立刻到現場去幫忙，這也是非常交心的夥伴。每次我們都會為了不認識的人禱告，真心的付出自己的誠意，所以持之以恆的交往，這也是很好的一群朋友。

我因為曾經在社會團體擔任過會長，所以也有一定程度的朋友，像是我所屬的秘書協會，在擔任過亞洲秘書協會理事長前後至今，大約三十多年來，有好多亞洲和世界的朋友，每兩年大家見面都很親熱，平常也借助郵件互通有無。至於台灣的秘書協會，歷任的各屆會長幾乎都是我的學生，所以非常熱絡。

社會層次比較高的經理人協會，我也參與了二十幾年，還曾是常務理事，雖然不能時常開會，但是這群人已經算是老朋友了，好多人也都入閣，擔任政府要職，大家相見真的是所謂老酒，愈陳愈香。我邀請了部份朋友，組成了形象管理學院，讓大家除了工作，還可以發揮一己之長，奉獻社會。

以前在媒體工作二十年，這部份的朋友當然還沒有失散，不過見面多半是長吁短歎的居多，因為都退休回家了，不免會有時不我予的那類慨歎。目前最大的另一個社群，就是學生（或者說是粉絲），這部份多的不可計數，有時候在網路，有時候見面，多半都是忘年之交的年輕夥伴。

學習趨勢

從媒體業工作了二十年退休之後，第一件事就打算好好在家裡當「貴婦」。我認為自己已經工作長達二十三年，而且拿到退休金，雖然錢不多，可是加上自己的儲蓄，活個十年、二十年應該不成問題，所以退休之後，早上老公出門上班，兒子出去上學的時候，我很得意的他們揮手說，我現在是「貴婦」。

老公看我一眼然後說，我知道你閒不住的，大概不到三天你就想回去工作了！我很不屑的說，不可能，我累了，我要休息。兒子看了我一眼說，媽咪，你可不要像嬸嬸一樣喔！我說，嬸嬸是怎樣？他說，就是每天關在家裡，什麼都不知道！他們出門以後，我想了很久，於是開始打掃房屋，出去購物，果然不到三天，我就開始不知所措，真的有些像嬸嬸，什麼都不知道。

如果我們的生活只有在簡單的家居打轉，很快的就會與時代脫節了。雖然每天有電視和收音機，但是那些都只能單方面的瞭解一件事，無法真正的明白外頭都在談什麼？想什麼？更別說未來會發生什麼了！年輕人對於網路的瞭解，超越過年長的人，並且這些人天天到處逛，到處聊，所以能夠觸摸到世界。

要想年輕，就要趕上時代，但是如何趕的上？最重要的是，要能與世界接軌，瞭解趨勢的走向，這是非常重要的。很多人都會去當義工，從志願工作中找到朋友和工作的樂趣，重要的是要能夠知道大家都在談什麼，想什麼？這種志業，對於一個離開工作崗位的人來說，是可以彌補那個空間的。

參加一個小團體是必要的，例如讀書會或論壇，多看書、雜誌、報紙，以及朋友的聚會活動，對於網路不能排斥，更要多多吸收知識性，趨勢性的報導。多聽聽旁人說些什麼。注意新的時尚，新的話題還有新的科技專題，這些都是可以讓自己不被時代淘汰的好法子。

沒有人希望成為井底之蛙，可是別人在前面奔跑，而你在原地踏步，可就要落伍了，唯有擁有年輕的心態，一個人才能真正的年輕起來。未來的世界是一百歲的時代，如果你和我一樣才50~60歲之間，那麼可以說自己的確還很年輕。既然還年輕，就不要總是回顧以往的豐功偉業，喋喋不休的重複著過去，那會讓人覺得你是老之將至。

出門走走

以前每次我問別人退休要做什麼？得到的答案幾乎都是：我要去環遊世界！這是個夢想，但是不切實際，因為：

第一，從退休的那一刻起，你會驚覺到自己以後收入減少或者根本沒有收入了，那麼，你會捨得花一大筆錢在旅遊這樣的事情上，而不把錢用在基本的生活開銷上嗎？

第二，當你退休的時候，體力與精神都不是顛峰了，環球旅行需要耐力與體力才能完成，那時，你會因為自己的體力而考慮是不是值得冒險前去。

第三，環球之旅總不能你獨行吧！總得找個伴兒，那麼誰肯花這麼多錢和精力陪你一起去呢？那個人除非是你的老伴，否則哪個人會跟你一樣有空去環球？

因此，想要去走走，現在就去吧！不要想著等到退休才去，那時候機會就越來越小。旅行可以喚回人的快樂與健康，是值得投資的快樂法寶，但是旅行牽涉到的預算、體力與同伴，並不是隨時都有的，因此旅行出遊必須依照計畫行事，必須按照自己的狀況來做妥善的安排。

我的第一次環球經驗是在一九八〇年，一共花了四十五天，當時大約花了美金兩萬五千元左右，主要是蜜月，行程是從臺灣到香港，香港到義大利，義大利到瑞士，然後在中歐和西歐各國走一遍，再從英國到美國，東海岸之後到西海岸，然後到夏威夷，才回到台北。這也是我第一次出國，可以說充滿了新奇與愉悅。

第二次的環球是一九八八年，一共花了四十八天，多少錢記不清楚，大約是每天新臺幣一萬元左右，當時我是亞洲秘書協會的理事長，五月份主辦完了亞太秘書大會之後，隨即去旅行放鬆心情。行程是從台北到日本，從日本去芬蘭，從芬蘭遍遊北歐四國後到達英國，再飛到紐約，然後轉到日本返回台灣。

以上都是自費的私人自助旅行，與出差無關。事實上我到過亞洲、北美洲、中南美洲、歐洲和澳洲的三、四十個國家，百分之九十五都是自費的旅行。你也許認為我是大富翁，那當然不是，我也是受薪階層，而且不是高階主管，這些錢都是有計劃的存起來的，更重要的是有計劃性的安排的。

打從第一次要出國旅行至今，只要是想到要出門，總會有阻礙的，上班的時候當然工作單位會很難請假，特別我的工作都有其不可取代性；還有家人會反對，年輕時候父母會擔心，結婚以後小孩子要給誰帶？之後老公也會希望不要走太遠，小孩會希望父母不要離開。

人生總有很多牽掛，但是也不能為了牽掛而一事無成，如果等到一切條件都配合，只怕今生任何時候都等不到，快樂幸福不是用等的，而是自己要去創造的。錢可以再賺，青春一去不復返。等到中年再攀登高山縱谷，再搭四十個小時飛機到非洲，可能都只能夢想了。

所以我勸很多年輕人，累積財富要能正確使用，使用在旅行這個項目上最值得，行萬里路讀萬卷書，我認為前者更有意義，因為讀書是在書中找尋知識，那是死的；在路上看的世界是真實的，是開闊的，是生活的。所以不見得要先累積錢買個車子和房子，倒是應該投資在自己的知識和資歷上。

多數人很會算計，想著這些錢存起來如果買股票和基金，會可以滋生更多的錢，但如果拿去玩了，什麼都沒有得到。這就要倒過來問另一個問題，如果股票基金賺了錢，你要幹什麼？還不是一樣，想要買車、買房、旅行、買衣等等嗎？你有沒有想過，時間是變動性資產，光陰是一去不復返的。

還有一個難處，就是有些人會擔心語言能力不夠，所以不敢出國。其實也可以選擇語言可以通的地方，像是港、澳、新加坡，還有很多東南亞國家都可以通中文。或者，跟著旅行團都沒有問題。只要有想出發的心，語言其實是很小的問題。

成為生活大師

每個人都是一本書，都是一首歌，都是一篇詩。這裡面紀錄的是你自己一生中為自己塑造的紀錄。這些可以是很精采的紀錄，也可以是很平凡的紀錄，無論如何，當你的書闔上的那一刻，歌唱完的那一刻，詩寫完的那一刻，只有自己最清楚，裡面是什麼。

因此，每個字、每個音符、每張照片、每個回憶，都是你一生擁有最好的時刻，都是創造紀錄的時刻，也是改變自己的時刻，這本書該如何批註，這首詩該怎樣標題，這首歌是喜怒哀樂，這張照片是哪個角度，都是你自己決定去寫下、譜下、唱出的。

人生可以擁有的日子，沒有人能預知會有多少，有的人紀錄很長，有的人時日很短，不過這些日子中能夠把握的人，並不是別人，而是你自己。人生並不是由老闆來決定、由家人來決定、由金錢來決定、或是由命運來決定，真正的關鍵和主角只有一個：那就是你自己。

你就是人生的主人，就是故事的主角，劇本怎麼寫，歌要怎麼唱，不必先問別人，要先問自己。每個人生下來有不同的遭遇，經歷不同的環境，歷練過各式各樣的困厄和險阻，面對令人激賞和令人討厭的人群；不過這一切都會慢慢的過去，各種問題，都會隨著時間的挪移而漸去漸遠，無論是傷痛的、是美好的、是悲哀的、是幸福的，終會到達最後的終點站。

因此，尋求每一刻的自然美好，尋求人生的真善美聖，是人類總體追求的目標，也是每個人應該體驗的過程。唯有在享受這一刻的美好，活在當下，就是現在的感應當中，你才會感覺生命的充實與美讚，也只有用這種「觀眾」的角度來檢視或欣賞自己的一生，你才會明白那首辛棄疾的〈青玉案〉：

東風夜放花千樹。更吹落、星如雨。寶馬雕車香滿路。
鳳蕭聲動，玉壺光轉，一夜魚龍舞。蛾兒雪柳黃金縷。笑語盈盈暗香去。
眾裡尋他千百度。驀然回首，那人卻在，燈火闌珊處。

真正的生活不在生命的長短，而在生命的深度和寬度。每個人都可以成為生活家，也可以成為哲學家和教育家。分享你我的經驗和智慧在生命的道路上，給別人和自己足夠的掌聲，讓大家都聽得到。

重點整理

- 寫日記對自己的思想，有深化的作用，白天想不通的事情，晚上寫日記卻會想通了。
- 「做事應該和樹有細根一樣，必須從根源處著手，才能理出頭緒，使事務的管理趨於合理化。」
- 「任何人只要做一點有用的事，總有一點報酬，這種報酬就是經驗。是世界上最有價值、也是人家搶不走的東西。」
- 如果要年輕，就要那種戀愛的感覺，專心想著對方，成為一種依戀。這時候你可能會有能力，鼓動你去接受不可能的挑戰，也會快樂的像擁有全世界。
- 無論如何都要擁有自信。天生我才必有用，總是可以找回自己的天空。
- 交朋友其實不容易，必須當做是自己一生的功課。
- 人生總有很多牽掛，但是也不能為了牽掛而一事無成，如果等到一切條件都配合，只怕今生任何時候都等不到，快樂幸福不是用等的，而是自己要去創造的。

- 尋求每一刻的自然美好，尋求人生的真善美聖，是人類總體追求的目標，也是每個人應該體驗的過程。唯有在享受這一刻的美好，活在當下，就是現在的感應當中，你才會感覺生命的充實。
- 真正的生活不在生命的長短，而在生命的深度和寬度。每個人都可以成為生活家，也可以成為哲學家和教育家。

參考書目

陳美雪等著，《國際禮儀》，華格納出版，台中，二〇〇五年。

范揚松著，《魅力登峰》，金臺灣出版事業有限公司，台北，一九九七年。

麗堤蒂雅・鮑德瑞奇著，《塑造專業形象》，智庫文化，台北，一九九六年。

華秀林著，《養生梅精》，網耐文化科技股份有限公司，台北，二〇〇七年。

木戸泰子，《一分鐘簡易健康法》，三悅文化圖書事業有限公司，台北，二〇〇二年。

孟昭春著，《成交高於一切》，機械工業出版社，北京，二〇〇六年。

張浩著，《辦公室女性必讀》，光明日報出版社，北京，二〇〇三年。

羽茜著，《修養何來》，中國民航出版社，北京，二〇〇四年。

羽茜著，《氣質何來》，中國民航出版社，北京，二〇〇四年。

張曉梅著，《修練魅力女人》，中信出版社，北京，二〇〇六年。

周婷著，《寫給女人一生幸福的忠告》，中國書店，北京，二〇〇六年。

三丫、薑慧著，《做你想做的魅力女人》，群言出版社，北京，二〇〇六年。

英格麗・張（Ingrid Zhang）著，《你的形象價值百萬》，中國青年出版社，北京，二〇〇四年。

周芙蓉著，《禮儀教程》，中國長安出版社，北京，二〇〇三年。

張文菲著，《青年禮儀教程》，中國商業出版社，北京，二〇〇五年。

林雨荻著，《跟我學禮儀》，北京大學出版社，北京，二〇〇六年。

金正昆編著，《商務禮儀》，北京大學出版社，北京，二〇〇五年。

孫三寶編著，《社交禮儀恰到好處》，當代世界出版社，北京，二〇〇五年。

中里巴人著，《求醫不如求己》，中國中醫藥出版社，北京，二〇〇七年。

押沙龍著，《出軌的王朝》，鷺江出版社，北京，二〇〇七年。

June Yamada（瓊・雅瑪達）著，《June告訴你》，上海人民出版社，上海，二〇〇五年。

羽茜著，《氣質自造》，台海出版社，上海，二〇〇四年。

羅烈傑著，《公務禮儀》，海天出版社，深圳，二〇〇三年。

PI0033

超強職場魅力

──打造妳專屬的完美形象

作　　者	石詠琦
責任編輯	廖妘甄
圖文排版	楊家齊
封面設計	楊廣榕

出版策劃	釀出版
製作發行	秀威資訊科技股份有限公司
	114 台北市內湖區瑞光路76巷65號1樓
	電話：+886-2-2796-3638　傳真：+886-2-2796-1377
	服務信箱：service@showwe.com.tw
	http://www.showwe.com.tw
郵政劃撥	19563868　戶名：秀威資訊科技股份有限公司
展售門市	國家書店【松江門市】
	104 台北市中山區松江路209號1樓
	電話：+886-2-2518-0207　傳真：+886-2-2518-0778
網路訂購	秀威網路書店：http://www.bodbooks.com.tw
	國家網路書店：http://www.govbooks.com.tw
法律顧問	毛國樑　律師
總 經 銷	聯合發行股份有限公司
	231新北市新店區寶橋路235巷6弄6號4F
	電話：+886-2-2917-8022　傳真：+886-2-2915-6275

出版日期	2015年5月　BOD一版
定　　價	250元

Printed in Taiwan

國家圖書館出版品預行編目

超強職場魅力：打造妳專屬的完美形象 / 石詠琦著. --
一版. -- 臺北市：釀出版, 2015.05
面； 公分
BOD版
ISBN 978-986-445-003-9(平裝)

1. 職場成功法 2. 女性

494.35 104006362

讀者回函卡

感謝您購買本書，為提升服務品質，請填妥以下資料，將讀者回函卡直接寄回或傳真本公司，收到您的寶貴意見後，我們會收藏記錄及檢討，謝謝！如您需要了解本公司最新出版書目、購書優惠或企劃活動，歡迎您上網查詢或下載相關資料：http:// www.showwe.com.tw

您購買的書名：________________________________

出生日期：________年________月________日

學歷：□高中（含）以下　□大專　□研究所（含）以上

職業：□製造業　□金融業　□資訊業　□軍警　□傳播業　□自由業

□服務業　□公務員　□教職　□學生　□家管　□其它_____

購書地點：□網路書店　□實體書店　□書展　□郵購　□贈閱　□其他

您從何得知本書的消息？

□網路書店　□實體書店　□網路搜尋　□電子報　□書訊　□雜誌

□傳播媒體　□親友推薦　□網站推薦　□部落格　□其他__________

您對本書的評價：（請填代號　1.非常滿意　2.滿意　3.尚可　4.再改進）

封面設計____　版面編排____　內容____　文／譯筆____　價格____

讀完書後您覺得：

□很有收穫　□有收穫　□收穫不多　□沒收穫

對我們的建議：________________________________

____

____

____

請貼
郵票

11466
台北市內湖區瑞光路 76 巷 65 號 1 樓
秀威資訊科技股份有限公司 收
BOD 數位出版事業部

（請沿線對折寄回，謝謝！）

姓　　名：__________ 年齡：______ 性別：□女　□男

郵遞區號：□□□□□

地　　址：____________________

聯絡電話：(日)__________ (夜)__________

E-mail：____________________